Serverless Architectures with AWS

Discover how you can migrate from traditional deployments to serverless architectures with AWS

/云计算技术实践系列丛书/

AWS Serverless架构
使用AWS从传统部署方式向Serverless架构迁移

[印] Mohit Gupta 著
史 天 张 媛 译
肖 力 审校

Publishing House of Electronics Industry
北京·BEIJING

内 容 简 介

Serverless 无服务器应用可以说是当今的行业热点，用户无须提前部署配置服务器，只需要进行功能开发和代码编写，就可以在 AWS Lambda 服务的支持下进行应用程序的快速部署，并且资源可以根据使用情况自动地进行弹性伸缩。Serverless 不仅仅是 AWS Lambda，还有像 Amazon Athena、AWS Glue、Amazon Kinesis 等 Serverless 框架的服务。Serverless 的使用场景非常广泛，从微服务架构到数据批处理、流处理、运维自动化和移动计算，都可以看到 Serverless 的身影。

本书对 Serverless 这个领域进行了充分介绍，逐步指导读者在 AWS 云平台上部署第一个 Serverless 项目，并探索更多的 Serverless 服务，可以帮助读者快速掌握该项技术。

Copyright © Packt Publishing 2018. First published in the English language under the title 'Serverless Architectures with AWS-(9781789805024)'.

本书简体中文版专有翻译出版权由 Packt Publishing 授予电子工业出版社。

版权贸易合同登记号　图字：01-2019-4934

图书在版编目（CIP）数据

AWS Serverless 架构：使用 AWS 从传统部署方式向 Serverless 架构迁移 /（印）莫希特·古普塔（Mohit Gupta）著；史天，张媛译. —北京：电子工业出版社，2019.12

（云计算技术实践系列丛书）

书名原文：Serverless Architectures with AWS: Discover how you can migrate from traditional deployments to serverless architectures with AWS

ISBN 978-7-121-38116-4

Ⅰ. ①A… Ⅱ. ①莫… ②史… ③张… Ⅲ. ①云计算—研究 Ⅳ. ①TP393.027

中国版本图书馆 CIP 数据核字（2019）第 258746 号

责任编辑：刘志红（lzhmails@phei.com.cn）　　特约编辑：李　姣
印　　刷：北京盛通商印快线网络科技有限公司
装　　订：北京盛通商印快线网络科技有限公司
出版发行：电子工业出版社
　　　　　北京市海淀区万寿路 173 信箱　邮编　100036
开　　本：787×980　1/16　印张：12.25　字数：254.8 千字
版　　次：2019 年 12 月第 1 版
印　　次：2021 年 12 月第 3 次印刷
定　　价：98.00 元

凡所购买电子工业出版社图书有缺损问题，请向购买书店调换。若书店售缺，请与本社发行部联系，联系及邮购电话：（010）88254888，88258888。

质量投诉请发邮件至 zlts@phei.com.cn，盗版侵权举报请发邮件至 dbqq@phei.com.cn。

本书咨询联系方式：（010）88254479，lzhmails@phei.com.cn。

当 Amazon Web Services（AWS）在 2014 年发布 AWS Lambda 服务的时候，相信很多人都被这种全新的云原生架构震撼到了，发现原来云计算还可以通过这样的方式打开。

在传统的应用程序开发和部署过程中，大家都必须要考虑服务器方面的规划，比如选择什么类型的服务器作为应用服务器或者数据库，需要多少台实例来构建整个集群，为实例配置什么规格的磁盘等。这样，除了业务上的开发和维护之外，研发和运维团队还需要投入大量精力对基础设施进行计划和测试，才能保证最后应用程序得以很"适合"地部署，并服务客户。

所以，Serverless 概念一经提出后，所有人眼前一亮。Serverless 或者说无服务器架构，并不是说应用和服务不再需要服务器了，而是通过这种方式将用户从繁杂的服务器维护管理工作中解脱出来，在不考虑服务器的情况下快速构建并运行应用程序和服务。团队可以更加专注于他们自己的核心产品开发，而无须担心在云中服务器的管理和运行。这样既减少了开销，又能够将更多时间和精力放在开发可扩展且可靠的出色产品上，提升灵活性和创新能力，并加速产品上市，可谓一举多得。

目前，Serverless 服务已经成为了云计算厂商的标配，通过这几年的探索与实践，人们逐渐找到了非常丰富的 Serverless 应用场景，既可以用来作为 Web 应用程序、移动应用、IoT 的后端，也可以作为数据的提取、转换、加载（ETL），或者流数据的实时分析等，大家将会在越来越多的场景中看到 Serverless 的身影。

本书的重点放在基于 AWS 的无服务器解决方案上，不仅介绍了 AWS Lambda 和 Amazon API Gateway 这样经典的 Serverless 服务，更是深入研究了广泛意义的 Serverless 模型，并介绍了 AWS 无服务器生态系统，涵盖了 Amazon Simple Storage Service（S3）、Amazon DynamoDB、Amazon Simple Queue Service（SQS）、Amazon Athena、AWS Glue 和 Amazon Kinesis 等。同时，在每个章节都有对应的示例和练习，读者可以在上手实验的过程中，加深对内容的记忆和理解。

一如既往，感谢编辑们和肖总的悉心指导和帮助，他们不辞辛苦地对本书进行了大量的校对和编辑工作，最终确保了本书的顺利出版。感谢爱人再次牺牲掉很多休息时间，又一次共同投入翻译工作中。最后，感谢家人的鼓励和支持，他们经常关心本书出版的进度。

由于本人水平有限，书中难免会出现错误或者不妥之处，欢迎批评指正，谢谢。

史 天

2019 年 9 月

为什么要翻译这本书？这要从我现在的工作内容说起。

目前我在一家云管理服务初创公司做技术咨询和交付，帮助不同的客户去做业务和数据上云的架构设计与实施，以及对现有的应用进行云化改造。很多情况下，客户之所以要上云或者进行云原生应用开发，就是因为要节省成本，控制预算，缩短应用上线的周期，并且快速迭代，尤其是创业公司，更需要好钢用在刀刃上。在这样的一个需求背景下，研究 Serverless 无服务器架构是非常有必要的。无服务器计算是云原生架构，无须预置或维护任何服务器，也无须安装、维护或管理任何软件或运行。

在 AWS 的无服务器平台上，可以使用一系列完全托管的服务构建和运行无服务器应用程序，并轻松地进行应用程序的集成和扩展。通过 AWS Lambda 可定义、协调和运行生产级容器化应用程序和微服务，为实际业务逻辑提供支持。本书内容非常落地，从无服务器框架开始说起，通过一些常见的业务场景，比如 Web 图像处理、数据分析、实时数据洞察等，抽象出具体的无服务器架构实现方式，包括服务逻辑、数据流向和实施步骤，帮助读者理解并实践无服务器应用程序的构建。

虽然本书主要着眼于 AWS 云计算平台，但其核心还是通过具体的业务场景帮助大家理解什么是无服务器架构，以及如何充分利用无服务器架构的优势来构建自己的应用程序。

因时间和能力所限，书中难免有不当之处，请各位读者给出宝贵的建议，我们将不断努力完善，谢谢。

张　媛

2019 年 9 月

下面简要介绍本书作者和审校人员、本书目标、适合的读者,以及完成所有练习和思考题需要的硬件和软件参考配置要求。

关于本书

本书将首先介绍无服务器(Serverless)架构模型,并帮助我们学会使用 AWS 及 AWS Lambda。无论是否使用 AWS Lambda 服务,我们还将学习 AWS 无服务器平台的其他功能,并了解 AWS 如何支持企业级无服务器应用程序。

本书将指导我们部署第一个无服务器项目,并探索 Amazon Athena 的概念和功能。它是一种交互式查询服务,能够使用标准 SQL 轻松地分析 Amazon Simple Storage Service (Amazon S3)中的数据。我们还将了解 AWS Glue,这是一种完全托管的 ETL(提取、转换和加载)服务,使数据目录管理变得简单,并且经济、高效。接下来,我们将了解如何利用 Amazon Kinesis 的 Kinesis Data Streams、Kinesis Data Firehose 和 Kinesis Data Analytics 服务释放实时数据分析和洞察的潜力。最后,结合 Amazon Kinesis 与 AWS Lambda,创建轻量级无服务器数据分析架构。

通过对本书的学习,我们将能够创建并运行无服务器应用程序,充分利用 AWS 服务提供的高可用性、安全性、高性能及可扩展性。

关于作者和审校人员

Mohit Gupta 是一名解决方案架构师,专注于云技术和大数据分析领域。他拥有超过 12 年的 IT 经验,并且自 2012 年以来一直致力于 AWS 和 Azure 的研究。他帮助客户在不同的云计算平台(包括 AWS 和 Azure)上设计、构建、迁移和管理他们的工作负载和应用程序。他于 2005 年从 Kurukshetra 大学获得计算机科学学士学位。此外，他还拥有许多行业领先的 IT 认证。你可以在 LinkedIn 上联系到他（mogupta84），或者可以关注他的推特@mogupta。

Amandeep Singh 是 Pitney Bowes India Pvt Ltd.的杰出工程师。他在 Pitney Bowes 和戴尔研发中心等公司工作，拥有超过 13 年的丰富开发经验。他目前致力于设计企业级规模的基于云的分布式解决方案。他是 AWS 认证的解决方案架构师，帮助 Pitney Bowes 以更简单、智能的微服务形式将曾经的单体架构平台迁移到 AWS 上。他始终坚信 DevOps 原则和微服务模式。你可以在 LinkedIn 上联系到他（bhatiaamandeep）。

本书目标

- 探索 AWS 服务以支持无服务器环境。
- 设置 AWS 服务以使应用程序可扩展且高可用。
- 部署具有无服务器架构的静态网站。
- 构建你的第一个无服务器 Web 应用程序。
- 研究已部署的无服务器 Web 应用程序中的更改。
- 应用最佳实践以确保整体架构的安全性、可用性和可靠性。

本书适合的读者

你如果想学习开发无服务器应用程序，并拥有一些编程经验，那么本书的内容将非常适合你。阅读本书之前，不必具有丰富的 AWS 使用经验，但具备 Java 或 Node.js 的基本知识将是一个优势。

实验和练习

本书会采用动手实践的方法来教读者学习如何设计和部署无服务器架构，包含多个使用真实业务场景的实验，以便我们可以在相关环境中练习和应用新技能。

硬件要求

为获得最佳的学习体验，推荐使用以下硬件配置。

- 处理器：Intel Core i5 或同类产品。

- 内存：4 GB RAM。
- 存储：35 GB 可用空间。

软件要求

需要预先安装或配置以下软件。

- 操作系统：Windows 7 或更高版本。
- AWS 免费套餐账户。
- 端口 22 和 80 的网络访问。

约定

文本中的代码、数据库表名、文件夹名、文件名、文件扩展名、路径名、虚拟 URL、用户输入和推特如下约定所示。

"你还可以从 s3_with_lambda.js 文件中复制此代码。"

代码块的设置如下：

```
var AWS = require('aws-sdk');
var s3 = new AWS.S3();
```

新术语和重要内容会以粗体显示。在截图中看到的内容（例如，在菜单或对话框中），会以如下文本形式显示：

"单击 **Next**，并按照说明创建存储桶。"

其他资源

本书的代码包托管在 GitHub 上，请参考 https://github.com/TrainingByPackt/Serverless-Architectures-with-AWS。

你还可以通过 https://github.com/PacktPublishing/ 从很多书籍和视频目录中获取其他代码包，快去看一下吧！

目　　录

1　AWS、AWS Lambda 和无服务器应用程序 … 1
1.1　无服务器概述 … 1
1.2　无服务器模型 … 2
1.2.1　无服务器模型的优势 … 4
1.3　AWS 简介 … 6
1.3.1　AWS 无服务器生态系统 … 6
1.4　AWS Lambda … 8
1.4.1　AWS Lambda 语言支持 … 10
1.4.2　练习 1：运行第一个 Lambda 函数 … 10
1.4.3　思考题 1：计算两个数字平均值的平方根 … 16
1.4.4　AWS Lambda 的限制 … 16
1.4.5　AWS Lambda 定价 … 17
1.4.6　Lambda 免费套餐 … 18
1.4.7　思考题 2：计算 Lambda 费用 … 19
1.4.8　其他成本 … 19
1.5　小结 … 20

2　AWS 无服务器平台 … 21
2.1　概述 … 21
2.2　Amazon S3 … 22
2.2.1　Amazon S3 的主要特征 … 23
2.2.2　部署静态网站 … 25
2.2.3　练习 2：在 S3 存储桶中设置静态网站（使用 Route 53 管理域名）… 25

2.2.4　启用版本控制 ························· 32
　2.3　S3 和 Lambda 集成 ··························· 33
　　　2.3.1　练习 3：编写 Lambda 函数，读取 S3 中的文本文件 ··········· 33
　2.4　Amazon API Gateway ························ 38
　　　2.4.1　什么是 Amazon API Gateway ················ 38
　　　2.4.2　Amazon API Gateway 概念 ················· 39
　　　2.4.3　练习 4：创建 REST API，并将其与 Lambda 集成 ········· 40
　2.5　其他 AWS 服务 ····························· 47
　　　2.5.1　Amazon SNS ·························· 47
　　　2.5.2　Amazon SQS ·························· 48
　　　2.5.3　Amazon DynamoDB ····················· 50
　　　2.5.4　DynamoDB 流 ························· 51
　　　2.5.5　DynamoDB 流与 Lambda 集成 ················ 51
　　　2.5.6　练习 5：创建 SNS 主题并订阅 ················· 52
　　　2.5.7　练习 6：SNS 与 Lambda 集成 ················· 56
　　　2.5.8　思考题 3：将对象上传到 S3 存储桶时获取电子邮件通知 ········ 61
　2.6　小结 ································· 62

3　构建和部署媒体应用程序 ························· 63
　3.1　概述 ································· 63
　3.2　设计媒体 Web 应用程序——从传统架构到无服务器 ·············· 64
　3.3　构建无服务器媒体 Web 应用程序 ····················· 65
　　　3.3.1　练习 7：构建要与 API 一起使用的角色 ·············· 66
　　　3.3.2　练习 8：创建与 Amazon S3 服务交互的 API ············ 69
　　　3.3.3　练习 9：构建图像处理系统 ··················· 81
　3.4　无服务器架构中的部署选项 ······················· 86
　　　3.4.1　思考题 4：创建删除 S3 存储桶的 API ·············· 88
　3.5　小结 ································· 89

4　Amazon Athena 和 AWS Glue 无服务器数据分析与管理 ··········· 91
　4.1　概述 ································· 91

4.2　Amazon Athena ·· 92
      4.2.1　数据库和表 ··· 94
      4.2.2　练习 10：使用 Amazon Athena 创建数据库和表 ································ 95
   4.3　AWS Glue ··· 102
      4.3.1　练习 11：使用 AWS Glue 构建元数据存储库 ······································ 104
      4.3.2　思考题 5：为 CSV 数据集构建 AWS Glue 数据目录，
             并使用 Amazon Athena 分析数据 ·· 110
   4.4　小结 ·· 111

5 Amazon Kinesis 实时数据洞察 ·· 113
   5.1　概述 ·· 113
   5.2　Amazon Kinesis ·· 114
      5.2.1　Amazon Kinesis 优势 ··· 114
   5.3　Amazon Kinesis Data Streams ·· 115
      5.3.1　Amazon Kinesis Data Streams 工作机制 ·· 116
      5.3.2　练习 12：创建样本 Kinesis 流 ·· 116
   5.4　Amazon Kinesis Data Firehose ··· 124
      5.4.1　练习 13：创建 Amazon Kinesis Data Firehose 传输流 ························· 125
      5.4.2　思考题 6：对传入数据执行数据转换 ··· 135
   5.5　Amazon Kinesis Data Analytics ·· 137
      5.5.1　练习 14：设置 Amazon Kinesis Data Analytics 应用程序 ····················· 139
      5.5.2　思考题 7：添加参考数据，并与实时数据进行连接 ······························ 153
   5.6　小结 ·· 154

附录 ·· 157

AWS、AWS Lambda 和无服务器应用程序

学习目标

在本章结束时,将能够:

- 理解什么是无服务器(Serverless)模型;
- 描述 AWS 生态系统中不同的无服务器服务;
- 创建并执行 AWS Lambda 函数。

本章将介绍基于 AWS 的无服务器体系结构的基础知识。

1.1 无服务器概述

想像一下,你所在公司的关键应用程序存在着性能方面的问题。该应用程序需要供客户 7×24 小时访问使用,在工作时间内,CPU 和内存使用率已经达到了 100%。这直接导致客户访问的响应时间增加。

大约 10 年前,解决这类问题的方案是为应用程序及数据库采购和部署新的硬件资源,再安装所有必需的软件和应用程序代码,然后进行所有功能和性能的质量分析工作,最后迁移应用程序。这类方案的成本可能达到数百万、数千万元的资金开销。然而,如今针对这个问题,客户可以借助新技术通过不同的方法来解决——无服务器就

是其中之一。

在本章中，我们将首先解释无服务器模型，并开始使用 AWS 和 AWS Lambda 服务，以及在 AWS 平台上构建无服务器应用程序所需的各种模块。最后，学习如何创建和运行 Lambda 函数。

1.2 无服务器模型

要理解无服务器模型，首先要理解如何构建传统应用程序，如移动应用程序和 Web 应用程序。图 1-1 显示了一个传统的本地数据中心应用程序架构，你需要处理应用程序开发和部署过程的每个层级，包括硬件设置、软件安装、数据库、网络、中间件和存储设置。此外，需要一个工程师团队来配置和运维这套架构，而这项工作非常耗时，并成本高昂。此外，这些服务器的生命周期一般只有 5～6 年，这意味着最终每隔几年就需要升级一次基础设施。

图 1-1　传统的本地数据中心应用程序架构

这还远没有结束，因为还必须执行常规的服务器维护，包括设置服务器重启周期

AWS、AWS Lambda和无服务器应用程序

和执行常规补丁更新。即使做了所有这些基础工作，并确保系统正常运行，在实际过程中，系统仍然会发生故障，并导致应用程序宕机。

无服务器模型完全改变了这种模式，因为它抽象了所有关于数据中心配置和管理、服务器和软件的复杂性。接下来，让我们进一步地了解它。

无服务器模型是指对最终用户（如开发人员）完全隐藏服务器管理和维护工作的应用程序。在无服务器模型中，开发人员可以专注于业务代码和应用程序本身，他们不需要关心将执行或运行应用程序的服务器，或者关于这些服务器的性能，或者它们的任何限制。无服务器模型是高度可扩展的，并且非常灵活。使用无服务器模型，你可以专注于对你来说更重要的事情，这很可能是去解决业务问题。无服务器模型使用户可以专注于应用程序架构，而无须考虑服务器。

"无服务器"一词可能会令人困惑。无服务器并不意味着根本不需要任何服务器，而是不需要考虑配置服务器、管理软件和安装补丁等工作。"无服务器模型"意味着采用不需要自己管理的服务器。如果无服务器架构实施得当，可以在降低成本和提供卓越运营方面提供巨大优势，从而提高整体生产力。但是，在应对无服务器框架所带来的挑战时，你也必须小心，需要确保应用程序不出现性能、资源瓶颈或安全性方面的问题。

图 1-2 显示了组成无服务器模型的不同服务。在这里，我们使用不同的服务来做不同的工作。首先采用 Amazon API Gateway，这是一个完全托管的 REST API 接口管理服务[①]，它可以帮助开发者创建、发布、维护、监控和保护 API。然后，我们选用 AWS Lambda 作为后端计算服务，该服务执行应用程序代码，并完成所有计算工作。计算完成后，数据将存储在 Amazon DynamoDB 数据库中，该数据库也是一个完全托管的服务，可提供快速、可扩展的数据库管理系统。最后,我们还使用了 Amazon S3 存储服务，你可以在其中存储所有原始格式的数据，并可用于数据分析。

---

① 译者注：目前 Amazon API Gateway 也支持 WebSocket API 的管理，请参考 https://docs.aws.amazon.com/zh_cn/apigateway/latest/developerguide/apigateway-websocket-api-overview.html。

AWS Serverless架构：
使用AWS从传统部署方式向Serverless架构迁移

图 1-2　无服务器模型

无服务器模型近来已经变得非常流行，许多大型组织已经将其完整的基础设施转移到无服务器架构，并成功运行它们，而且能以更低的成本获得更好的性能。目前有许多优秀的无服务器框架设计，使得构建、测试和部署无服务器应用程序变得更加简单。但是，我们在本书的重点将放在基于 Amazon Web Services（AWS）的无服务器解决方案上。Amazon Web Services 是亚马逊（Amazon.com）的子公司，提供按需的云服务平台。

1.2.1　无服务器模型的优势 ●●●●

使用无服务器模型有诸多好处。

- 无须管理服务器

配置和管理服务器是一项复杂的任务。在开始使用服务器之前，可能需要几天甚至几个月的时间来配置和测试这些新服务器。如果在一个特定的时间周期内没能正常完成，它可能成为将软件发布到市场的潜在性障碍。无服务器模型可以屏蔽开发团队的所有系统工程工作，为项目提供极大的便利。

- 高可用性和容错性

无服务器应用程序具有内置支持**高可用性**（**HA**）的架构，因此，你无须担心这些功能的实现。例如，AWS 使用区域（Region）和可用区（Availability Zones，AZ）

AWS、AWS Lambda和无服务器应用程序

的概念来维护所有 AWS 服务的高可用性。可用区在区域内是处于相互隔离的位置，你可以通过以下方式开发应用程序：如果其中一个可用区出现故障，应用程序将继续在另一个可用区内运行。

- 灵活扩展

我们都希望开发的应用程序能够获得成功，这需要确保在应用程序必须进行扩展之前准备就绪。显然，我们不希望在最开始就使用规格非常高的服务器（因为这会迅速增加成本），而是希望在我们想要或者需要时才这样做。使用无服务器模型可以非常轻松地扩展应用程序。无服务器模型在你定义的限制下运行，因此，将来你可以轻松突破这些限制，只需在控制台界面上单击几下，就可以调整应用程序的计算能力、内存或 IO 需求，并且这可以在几分钟内完成。同时，这也有助于控制成本。

- 提高开发生产力

在无服务器模型中，无服务器服务供应商可以轻松设置硬件、网络，以及安装和管理软件。开发人员只需要专注于实现业务逻辑，而不必担心底层的系统工程工作，从而提高开发人员的工作效率。

- 无空闲容量

使用无服务器模型，无须提前配置计算和存储容量。我们可以根据应用程序的需要进行扩展和收缩。例如，运行一个电子商务网站，那么在节日期间可能需要比其他时候更高的容量。因此，你只需要在特定的某段时间内扩展资源。

此外，如今的无服务器模型（如 AWS）可以使用按实际使用量付费（pay-as-you-go）模式，这意味着你不需要为任何没有使用的容量支付费用。这样，当服务器空闲时，不需要支付任何费用，对于成本控制非常有帮助。

- 更快的上市时间

使用无服务器模型，可以在几分钟内开始构建应用程序，因为基础设施可以随时供你使用，你只需要单击几下即可扩展或收缩底层硬件。这会节省很多系统工程工作的时间，并且可以更快地启动应用程序。这也是很多公司采用无服务器模型的关键因素之一。

AWS Serverless架构：
使用AWS从传统部署方式向Serverless架构迁移

- 分钟级部署

如今的无服务器模型通过完成所有繁重琐碎的工作并消除任何底层基础设施的管理需求来简化应用程序部署，这些服务都遵循DevOps最佳实践原则。

1.3 AWS简介

AWS是一个由亚马逊（Amazon）提供的高可用、高可靠、可扩展的云服务平台，可提供广泛的基础设施服务。这些服务按需提供给客户，并在几秒钟或几分钟内可用。AWS是最早提供按实际使用量付费（pay-as-you-go）定价模式的平台之一，不需要预付费，而是根据客户对不同AWS服务的使用情况进行支付。AWS定价模型根据客户需要提供计算、存储和网络资源。

AWS平台概念于2002年首次提出，**Amazon Simple Queue Service（Amazon SQS）**是第一个AWS服务，于2004年发布。经过多年的发展，AWS的概念被重新定义，AWS平台于2006年正式重新启动，结合了三款最初发布的服务产品：云存储**Amazon Simple Storage Service（Amazon S3）**、SQS和EC2（Amazon Elastic Compute Cloud）。多年来，AWS已成为几乎所有用户都在使用的平台。从数据库到部署工具，从目录到内容交付，从网络到计算服务，目前AWS提供了100多种不同的服务，并且AWS正在快速开发更多高级功能，如机器学习、数据加密和大数据等。AWS平台的产品和服务已经成为顶级企业客户的热门选择之一。截至撰写本书时，全球范围内估计有超过100万的客户信任并使用AWS以满足他们的IT基础设施需求。

1.3.1 AWS无服务器生态系统

我们先快速浏览下AWS无服务器生态系统，并进行简要介绍，在以后的章节中，我们还会详细讨论这些服务。

AWS、AWS Lambda和无服务器应用程序

图 1-3 显示了 AWS 无服务器生态系统，它由 8 种不同的 AWS 服务组成[①]。

- **AWS Lambda**

AWS Lambda 是一种计算服务，可以响应不同的事件（如应用程序内的活动、网站，单击或连接设备的输出）运行代码，并自动管理代码所需的计算资源。AWS Lambda 是无服务器环境的核心组件，并与不同的 AWS 服务集成以完成所需的工作。

- **Amazon Simple Storage Service（Amazon S3）**

Amazon S3 是一种存储服务，我们可以随时从网络上的任何位置存储和检索任何数据量的数据。Amazon S3 是一种高可用性和容错存储服务。

- **Amazon Simple Queue Service（Amazon SQS）**

Amazon SQS 是一种分布式消息队列服务，支持互联网的计算机之间的消息通信。Amazon SQS 使应用程序能够将消息提交到队列，然后另一个应用程序可以在以后接收该消息以进行处理。

- **Amazon Simple Notification Service（Amazon SNS）**

Amazon SNS 是消息通知服务，用于协调向订阅者的消息传递。它采用**发布/订阅**（**pub/sub**）的异步通信形式。

- **Amazon DynamoDB**

Amazon DynamoDB 是一个托管的 NoSQL 数据库服务。

- **Amazon Kinesis**

Amazon Kinesis 是一个完全托管的、用于实时数据处理的可扩展服务。

- **AWS Step Functions**

AWS Step Functions 可以轻松协调分布式应用程序的组件。假设希望在应用程序的一个组件成功执行后开始运行另一个组件，或者希望并行运行两个组件，就可以使用 AWS Step Functions 轻松协调这些工作流。这样可以节省自己构建此类工作流所需的时间和精力，帮助我们更专注于业务逻辑。

[①] 译者注：AWS 无服务器平台除了这 8 个服务，还包含其他许多种不同的服务，并且在持续地创新、开发中，请参考 https://amazonaws-china.com/cn/serverless/。

AWS Serverless架构：
使用AWS从传统部署方式向Serverless架构迁移

- **Amazon Athena**

Amazon Athena 是无服务器的交互式查询服务，我们可以使用标准 SQL 轻松地分析 Amazon S3 中的数据。它允许快速查询存储在 S3 中的结构化、非结构化和半结构化数据。使用 Amazon Athena，无须在本地加载任何数据集或编写复杂的 ETL（提取、转换和加载）任务，因为它提供了直接从 S3 读取数据的功能。我们将在第 4 章《Amazon Athena 和 AWS Glue 无服务器数据分析与管理》中介绍有关 AWS Athena 的更多信息。

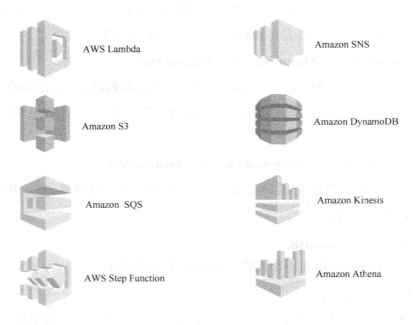

图 1-3　AWS 无服务器生态系统

1.4　AWS Lambda

AWS Lambda 是一个无服务器计算平台，我们可以使用它来执行代码以按需构建应用程序。它是一种可以运行后端代码的计算服务，而无须在后台配置或管理任何服

AWS、AWS Lambda和无服务器应用程序

务器。

  Lambda 服务会根据使用情况自动进行弹性扩展，并具有内置的容错性和高可用性的特点，因此无须担心使用 AWS Lambda 的 HA 或 **DR（Disaster Recovery，灾难恢复）** 方案。只需要负责管理代码，因此可以专注于业务逻辑，并完成相应的工作。

  将代码上传到 Lambda 后，Lambda 服务会处理运行代码需要的所有关于容量、扩展、补丁和基础设施的问题，并向 Amazon CloudWatch 发送实时指标和日志来为客户提供性能的可视化。Lambda 服务可以为函数（function）[1]分配不同的内存（128 MB～3 GB），根据内存分配，服务会将对应的 CPU 和网络资源分配给函数。我们也可以把 AWS Lambda 理解为代码中的一个函数，它允许通过事件触发然后无状态地执行。同时，这也意味着我们无法登录实际的计算实例或自定义底层硬件。

  使用 Lambda，只需为代码运行的时间和请求次数付费[2]。一旦函数执行完成，Lambda 服务进入空闲模式，则不需要为这些空闲时间进行付费。AWS Lambda 遵循非常细粒度的定价模型，计算时间以 100 ms 为单位。它还提供一个免费套餐，我们可以免费使用 Lambda，直到达到特定的请求数量上限为止。我们将在后面的章节中更详细地研究 AWS Lambda 的定价。

  AWS Lambda 是一个很棒的工具，可以基于事件触发运行云中的代码。然而，我们需要记住的是，AWS Lambda 自身是无状态的，这意味着我们应该以无状态的方式开发代码。如果需要保存状态或者数据，可以使用 Amazon DynamoDB 等数据库。多年来，AWS Lambda 在许多无服务器场景（如 Web 应用程序、数据处理、物联网、基于语音的应用程序和基础设施管理等）中变得越来越流行。

---

[1] 译者注：更多关于 Lambda 函数的信息请参考 https://docs.aws.amazon.com/zh_cn/lambda/latest/dg/lambda-introduction-function.html。

[2] 译者注：AWS Lambda 还包含请求费用，原书此处没有说明，这里根据实际情况进行补充，更多关于 AWS Lambda 的定价信息请参考 https://amazonaws-china.com/cn/lambda/pricing/。

1.4.1　AWS Lambda 语言支持

Lambda 是无状态且无服务器的，我们应该以无状态的方式开发代码。如果想使用其他第三方服务或者库，AWS 允许打包这些文件夹和库，并将它们以 ZIP 文件形式提供给 Lambda，从而可以使用其他想要使用的语言。

AWS Lambda 支持使用以下几种语言编写的代码：
- Node.js（JavaScript）；
- Python；
- Java（Java 8 兼容）；
- C#（.NET Core）；
- Go；
- PowerShell。

注：AWS Lambda 可能随时更改支持的语言列表，请访问 AWS 网站以获取最新信息[①]。

1.4.2　练习1：运行第一个 Lambda 函数

在本练习中，我们将创建一个 Lambda 函数，指定内存和超时设置，并执行该函数。我们将创建一个基础 Lambda 函数来生成 1 到 10 之间的随机数。

以下是练习的各个步骤。

1. 打开浏览器，并转到 URL https://aws.amazon.com/console/，登录 AWS 管理控制台（参见图 1-4）。

---

① 译者注：AWS Lambda 目前原生支持 Java、Go、PowerShell、Node.js、C#、Python 和 Ruby 代码，并提供 Runtime API，允许你使用任何其他编程语言来编写函数，请参考 https://docs.aws.amazon.com/zh_cn/lambda/latest/dg/lambda-runtimes.html。

AWS、AWS Lambda和无服务器应用程序

图 1-4　AWS 管理控制台

2．单击页面左上角的 **Services**，如图 1-5 所示，在列出的服务中查找 Lambda 或在搜索框中直接键入 Lambda，然后在搜索结果中单击 **Lambda** 服务。

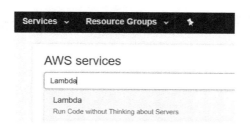

图 1-5　AWS 服务

3．单击 **Create a function**，服务欢迎页面如图 1-6 所示，在 AWS Lambda 页面上创建第一个 Lambda 函数。

图 1-6　服务欢迎页面

4．在 **Create function** 页面上，函数创建页面一如图 1-7 所示，选择 **Author from scratch** 从头开始创作。

图 1-7　函数创建页面一

5. 在 **Author from scratch** 窗口中，填写以下详细信息，函数创建页面二如图 1-8 所示。

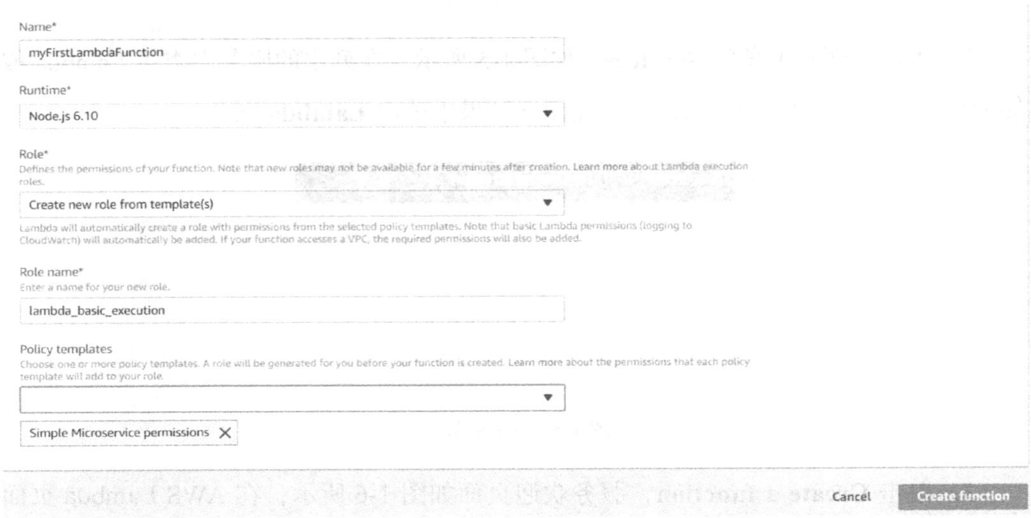

图 1-8 函数创建页面二

Name：函数名称，输入 `myFirstLambdaFunction`。

Runtime：选择（`Node.js 10.x` 或者 `Node.js 8.10`）运行语言[①]。运行时窗口下拉列表显示了 AWS Lambda 支持的语言列表，你可以使用列出的选项编写 Lambda 函数代码。在本练习中，我们将在 Node.js 中编写代码。

Role：选择 **Create new role from one or more template(s)**，用 AWS 策略模版创建新角色。在本节中，你将指定一个 IAM 角色。

Role name：角色名称输入 `lambda_basic_execution`。

Policy templates：选择 Simple Microservice permissions。

6. 单击 **Create function**，可以看到如图 1-9 所示的信息。

---

① 译者注：AWS Lambda 运行时是围绕不断进行维护和安全更新的操作系统、编程语言和软件库的组合构建的，原书中 Node.js 6.10 运行时已经弃用，请参考 https://docs.aws.amazon.com/zh_cn/lambda/latest/dg/runtime-support-policy.html。

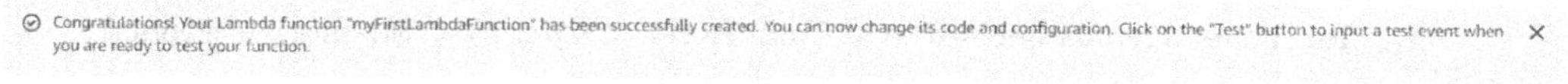

AWS、AWS Lambda和无服务器应用程序

图 1-9 函数创建成功

此时已经成功创建了第一个 Lambda 函数！但我们还没有根据自己的需求更改代码和配置，接下来让我们继续前进。

7. 转到 **Function code** 函数代码部分，函数代码窗口如图 1-10 所示。

图 1-10 函数代码窗口

8. 使用 **Edit code inline** 在线编辑选项编写一个简单的随机数生成器函数。

9. 以下是练习示例 Lambda 函数的代码。我们在此声明了两个变量：`minnum` 和 `maxnum`。然后，使用 `Math` 类的 `random()` 方法生成随机数。最后，调用 `callback(null, generatednumber)`。如果出现错误，则返回 `null` 给调用者；否则，变量 `generatednumber` 的值将作为输出传递，代码如下。

```
exports.handler = function(event, context, callback) {
    // TODO implement
    let minnum = 0;
    let maxnum = 10;
```

```
        let generatednumber = Math.floor(Math.random() * maxnum) + minnum
        callback(null, generatednumber);
    };
```

10. 在 **Basic settings** 设置窗口中，在 **Description** 描述字段填写 `myLambda Function_settings`，在 **Memory** 内存字段中选择 128 MB，在 **Timeout** 超时字段中选择 3s，如图 1-11 所示。

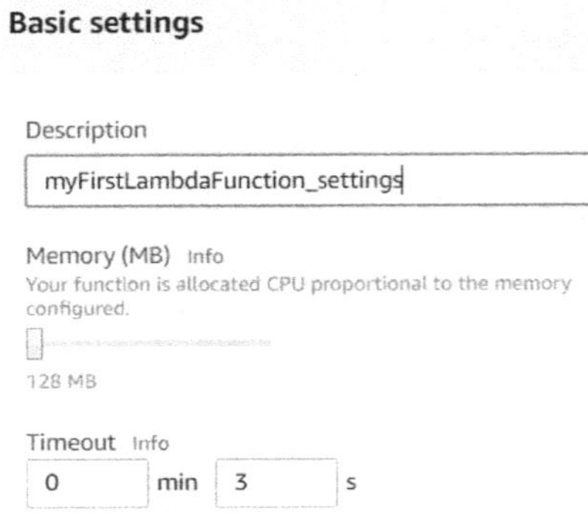

图 1-11　基本设置窗口

11. 准备就绪！单击屏幕右上角的 **Save** 保存按钮，如图 1-12 所示。恭喜！刚刚成功创建了第一个 Lambda 函数。

图 1-12　保存 Lambda 函数

12. 现在，要运行并测试函数。首先，需要创建一个测试事件，这允许设置要传递给函数的事件数据。单击屏幕右上角 **Select a test event** 选择测试事件旁边的下拉列表，然后选择 **Configure test event** 配置测试事件，如图 1-13 所示。

图 1-13　Lambda 函数测试窗口

13. 弹出窗口时，单击 **Create new test event** 创建新测试事件并为其命名（如 myTestEvent），然后单击 **Create** 创建测试事件，测试事件配置窗口如图 1-14 所示。

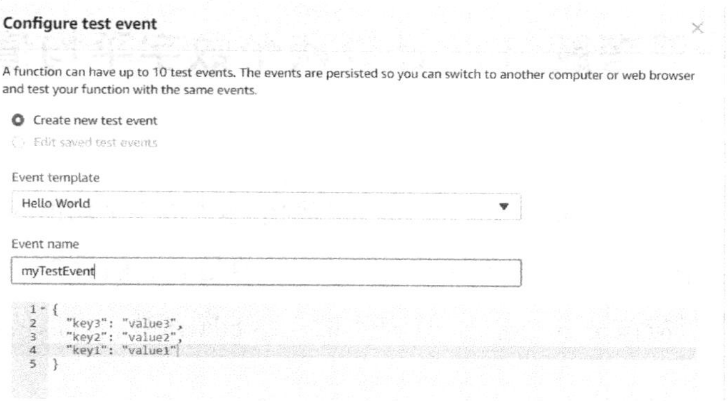

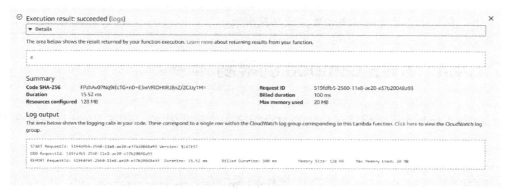

图 1-14　测试事件配置窗口

14. 单击测试事件旁边的 **Test** 测试按钮，可以在事件执行成功后看到如图 1-15 所示窗口。

图 1-15　测试事件执行窗口

15. 展开 **Details** 详细信息选项卡，将看到函数执行的更多详细信息，如实际执行时间、计费时间、实际使用的内存和已配置的内存等，如图 1-16 所示。

图 1-16　测试事件执行详情页面

我们无须管理任何底层基础设施，例如 EC2 实例或 Auto Scaling 组[①]，只需提供代码，然后让 Lambda 完成剩下的工作。

1.4.3 思考题 1：计算两个数字平均值的平方根

请创建一个新的 Lambda 函数，可以计算两个输入数字平均值的平方根。例如，两个输入的数字是 10 和 40，我们知道它们的平均值是 25，然后 25 的平方根是 5，所以函数执行的结果应该是 5。这是一个基本的 Lambda 函数，可以使用简单的数学函数编写。

以下是完成题目的参考步骤：

1. 参考我们之前刚刚完成的练习。
2. 转到 AWS Lambda 服务并创建一个新函数。
3. 提供函数名称、运行时和角色，如上一练习中所述。
4. 在 **Function code** 函数代码部分，编写代码以计算两个输入数字平均值的平方根。完成编写后，保存代码。
5. 创建测试事件并进行测试。
6. 执行函数。

注：有关此思考题的解决方案，请参见附录。

1.4.4 AWS Lambda 的限制

AWS Lambda 可以根据账户级别对资源施加了某些限制。AWS Lambda 一些值得

[①] 译者注：关于 Auto Scaling 的更多信息请参考 https://docs.aws.amazon.com/zh_cn/autoscaling/ec2/userguide/what-is-amazon-ec2-auto-scaling.html。

AWS、AWS Lambda和无服务器应用程序

注意的限制如下：

- **内存分配**。你可以为 Lambda 函数分配内存，最小值为 128 MB，最大值为 3 008 MB。根据内存分配，Lambda 服务会将对应的 CPU 和网络资源分配给你的函数。因此，如果 Lambda 函数是资源密集型的，那么可能需要分配更多内存。相应地，Lambda 函数的成本根据分配给函数的内存量而变化。
- **执行时间**。目前，Lambda 服务限制函数的最长执行时间为 15 min。如果函数在此期间仍没有执行完成，则会自动超时。
- **并发执行**。Lambda 服务允许在给定区域内的所有函数中最多 1 000 次并发执行（默认限制）。根据使用情况，可能希望为函数设置并发执行限制，否则，总体成本可能很快就会上升。

> 注：如果想了解有关 Lambda 函数限制的更多信息，请参考 https://docs.aws.amazon.com/zh_cn/lambda/latest/dg/limits.html#limits-list。

1.4.5　AWS Lambda 定价

AWS Lambda 是一种无服务器计算服务，只需按使用量付费即可，而不必为任何空闲时间付费。Lambda 也提供了一组免费套餐，我们将在下一节讨论。

要了解 Lambda 的 AWS 计费模型，首先需要了解 GB-s 的概念。

1GB-s 是指每秒使用 1 GB 的内存。因此，如果代码在前 2 min 内使用 1 GB 内存[①]，然后在接下来的 3 min 内使用 3 GB 内存，则累计内存使用量将为 $1 \times 120 + 3 \times 180 = 660$ GB-s。

> 注：本书中讨论的 AWS 服务的价格是本书在撰写期间的价格，AWS 价格可能随时发生变化，更多最新的价格信息，请参考 AWS 网站 https://amazonaws-china.com/cn/lambda/pricing。

---

① 译者注：原书此处示例内存为 5GB，超过最大值 3008 MB，这里根据情况进行了适当的调整。

Lambda 定价取决于以下两个因素：
- **总请求数**：即每次针对事件通知或调用而执行 Lambda 函数的总次数。作为免费套餐的一部分，每月前 100 万个请求是免费的，超过免费等级限制后每 100 万个请求收费 0.20 美元。
- **总执行时间**：持续时间从代码开始执行时算起，到其返回或终止为止，舍入到最近的 100 ms。价格取决于为函数分配的内存量，如图 1-17 所示。如果想了解总执行时间的成本如何随分配给 Lambda 函数的内存总量而变化，请参考 https://amazonaws-china.com/cn/lambda/pricing。

1.4.6　Lambda 免费套餐

作为 Lambda 免费套餐的一部分，每月前 100 万个请求免费，并且每月可以有 400 000 GB-s 的免费时间。由于函数持续时间成本随分配的内存大小而变化，因此，为 Lambda 函数选择的内存大小决定了它们在免费套餐中运行的时间。

内存（MB）	每月免费套餐秒数	每 100ms 价格
128	3 200 000	0.000 000 208
192	2 133 333	0.000 000 313
256	1 600 000	0.000 000 417
320	1 280 000	0.000 000 521
384	1 066 667	0.000 000 625
448	914 286	0.000 000 729
512	800 000	0.000 000 834
576	711 111	0.000 000 938
640	640 000	0.000 001 042
704	581 818	0.000 001 146
768	533 333	0.000 001 250

图 1-17　AWS Lambda 价格

注：Lambda 免费套餐每月会进行调整，Lambda 免费套餐在 AWS 免费套餐 12 个月期限到期后不会自动过期，而是无期限地提供给现有和新的 AWS 客户。

AWS、AWS Lambda和无服务器应用程序

1.4.7 思考题2：计算Lambda费用 ●●●●

假设有一个Lambda函数，分配了512 MB的内存，一个月内有2 000万次函数调用，每个函数调用持续1 s，请计算Lambda费用。

以下是计算成本的方法：

1. 注意免费套餐提供的每月计算价格和时间。
2. 以s为单位计算总执行时间。
3. 以GB-s计算总执行时间。
4. 以GB-s计算每月计费，参考公式如下：

    月度计费计算（GB-s）=总计算−免费套餐计算

5. 以美元计算每月计算费用，参考公式如下：

    月度计算费用=月度计费计算（GB-s）×月度计算价格

6. 计算每月可结算请求，参考公式如下：

    月度计费请求=总请求数−免费套餐请求数

7. 计算每月的请求费用，参考公式如下：

    月度请求费用=月度计费请求×月度请求价格

8. 计算总成本，参考公式如下：

    二月度计算费用+月度请求费用

注：有关此思考题的解决方案，请参见附录。

1.4.8 其他成本 ●●●●

在估算Lambda成本时，也需要了解一些额外成本。Lambda在与其他AWS服务（如DynamoDB或S3）集成时，可能还会承担一部分其他成本。例如，如果使用Lambda函数从S3存储桶读取数据并将输出数据写入DynamoDB表中，那么从S3读取数据及

DynamoDB 的写入吞吐量会产生相应的费用。我们将在第 2 章《AWS 无服务器平台》中学习有关 S3 和 DynamoDB 的更多信息。

总之，单次运行 Lambda 函数本身可能不会产生很多费用，但需要考虑可能使总体成本上升的每月数百万的请求和众多 Lambda 函数。

1.5 小结

在本章中，我们首先重点介绍了无服务器模型 AWS 及 AWS Lambda 的入门知识，这是 AWS 上无服务器应用程序的第一个构建块。其次，我们研究了无服务器模型及其用例的主要优点和缺点，进一步解释了无服务器模型，并开始使用 AWS 无服务器的服务。最后，我们创建并执行了第一个 AWS Lambda 函数。

在下一章中，我们将介绍 AWS 无服务器平台的功能，以及无论是否使用 AWS Lambda，AWS 如何支持企业级无服务器应用程序。从计算到 API Gateway、从存储到数据库，内容将覆盖许多在 AWS 上构建和运行无服务器应用程序的完全托管服务。

AWS 无服务器平台

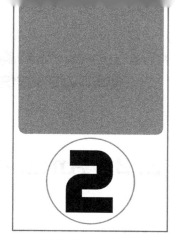

学习目标

到本章结束时,你将能够:
- 理解 Amazon S3 和无服务器部署;
- 使用 Amazon API Gateway 并将其与 AWS Lambda 集成;
- 使用完全托管的服务,如 Amazon SNS、Amazon SQS 和 Amazon DynamoDB。

本章将介绍如何使用 AWS 构建和运行无服务器应用程序。

2.1 概述

在上一章中,我们专注于理解无服务器模型,并开始使用 AWS 和 AWS Lambda,这是 AWS 上无服务器应用程序的第一个构建块。此外,我们还了解了无服务器模型与传统产品开发的区别。

在本章中,我们将了解更多其他 AWS 功能,如 Amazon S3、Amazon SNS 和 Amazon SQS。你可能听过或者有机会使用过不同的 AWS 无服务器技术,也可能简要地了解过不同的 AWS 服务,如 S3 存储、API Gateway、SNS、SQS 和 DynamoDB 服务。我们将在本章中详细讨论它们。

2.2 Amazon S3

Amazon S3（Amazon Simple Storage Service）是一个云存储平台，可在任何地方存储和检索任意数量的数据。Amazon S3 提供了无与伦比的持久性、可扩展性和可用性，能以最安全的方式存储数据。我们可以通过简单的接口访问存储服务，这些界面可以是 REST 或 SOAP。Amazon S3 是被其他服务支持最多的平台之一，既可以将 S3 用作独立的存储服务，也可以将其与其他 AWS 服务进行集成。

Amazon S3 是一个对象存储服务，它将数据存储为"**存储桶**"（bucket）中的对象。存储桶是对象的容器，可用于各种用途。通过存储桶，可以在最高级别组织 Amazon 命名空间，并在访问控制中发挥关键作用；也可以在存储桶中存储任意数量的对象，对象大小从 1B～5 TB 不等；也可以对存储桶中的对象执行读取、写入和删除操作。

S3 中的对象由元数据和数据组成。数据是被存储在对象中的内容。在存储桶中，对象由键（key）和版本 ID 唯一标识，其中键是对象的名称。

在 S3 中添加新对象时，将会生成一个版本 ID 并将其分配给该对象。版本控制允许维护对象的多个版本，在使用前需要启用 S3 的版本控制。

> 注：如果禁用版本控制并尝试复制具有相同名称（键）的对象，则它将会覆盖现有对象。

通过存储桶、键和版本 ID 的组合，可以唯一标识 Amazon S3 中的每个对象。

例如，如果存储桶名称是 `aws-serverless`，对象名称是 `CreateS3Object.csv`，则以下 URL 是 S3 中对象的完全限定路径，如图 2-1 所示。

2 AWS无服务器平台

图 2-1　用于访问 aws-serverless 存储桶中名为 CreateS3Object.csv 对象的完全限定路径

2.2.1　Amazon S3 的主要特征 ●●●●

现在，让我们了解 Amazon S3 服务的一些关键特性。

● 持久性和高可用性

Amazon S3 提供持久的基础设施来存储你的数据，并承诺提供 11 个 9（99.999999999%）的持久性。Amazon S3 在全球多个地区提供服务，并在每个区域内都提供地理冗余，因为数据会自动存储在同一个区域的多个可用区。此外，还可以选择跨区域的数据复制。如前所述，我们也可以维护多个版本的数据用于恢复。在图 2-2 中，可以看到当区域 **source-region-A** 中的 S3 存储桶发生故障时，**Route 53**[①]将重新定向到区域 **source-region-B** 中的复制副本。

注：地理冗余可以复制数据并将此备份数据存储在其他物理位置中。你可以随时从此备份物理位置获取数据，以防主站点出现故障。

● 可扩展性

Amazon S3 是一种高度可扩展的服务，它可以根据业务需求轻松扩展或收缩。假设现在迫切需要对 500 GB 的数据进行分析，并且在进行分析之前必须将这些数据引入 AWS 生态系统。不用担心，因为我们可以快速创建一个新存储桶，并开始将数据

---

① 译者注：Amazon Route 53 是一种可用性高、可扩展性强的云域名系统 (DNS) Web 服务，更多信息请参考 https://amazonaws-china.com/cn/route53/?nc2=h_m1。

上传到其中。所有可扩展性工作都在后台进行，不会对业务产生任何影响。

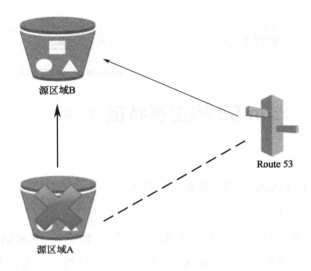

图 2-2　Amazon S3 地理冗余

- 安全性

在 Amazon S3 中，可以启用服务器端加密，这会在数据写入 S3 存储桶时自动加密数据。当有人想要读取数据时，数据就会解密。Amazon S3 还支持通过 SSL 进行数据传输加密，还可以使用 AWS Identity and Access Management（IAM）服务配置存储桶策略，以管理对象权限，并控制对数据的访问。我们将在本章后面的章节更详细地介绍权限管理。

注：由于它是服务器端加密，因此不需要用户干扰。所以，当用户试图读取数据时，服务器自动解密数据。

- 最受支持的集成

我们既可以将 Amazon S3 用作存储数据的独立服务，也可以将它与其他 AWS 服务（如 Lambda、Kinesis 和 DynamoDB）进行集成。我们将在本章后面的章节介绍其

2 AWS无服务器平台

中一些与 AWS 服务的集成，并作为练习的一部分。

- 节省成本

与其他 AWS 无服务器服务一样，Amazon S3 也适用于"按实际使用量付费"（pay-as-you-go）模式。这意味着我们不需要预付费，只需要根据实际使用情况付费。由于 Amazon S3 是无服务器产品，我们无须管理任何底层硬件或网络资源，所以也无须采购和管理昂贵的硬件设备，Amazon S3 有助于你降低成本。

- API 访问

我们可以非常方便地通过 REST API 向 Amazon S3 端点发出请求。

2.2.2 部署静态网站

通过 Amazon S3，我们可以以较低成本托管整个静态网站，同时利用高可用且可扩展的托管解决方案来满足各种流量需求。

2.2.3 练习 2：在 S3 存储桶中设置静态网站（使用 Route 53 管理域名）

在本练习中，我们将考虑执行以下操作。

- 创建 S3 存储桶并配置所需的权限；
- 将用于网站的默认页面文件上传到 S3 存储桶；
- 配置 S3 存储桶。

那么，让我们开始吧。以下是执行此练习的步骤。

1. 登录 AWS 账户。
2. 单击左上角 **Services** 服务旁边的下拉列表，然后输入 **S3**，如图 2-3 所示。
3. 这将打开 Amazon S3 页面，单击 **Create Bucket** 创建存储桶，如图 2-4 所示。

图 2-3 通过下拉选项搜索 Amazon S3 服务

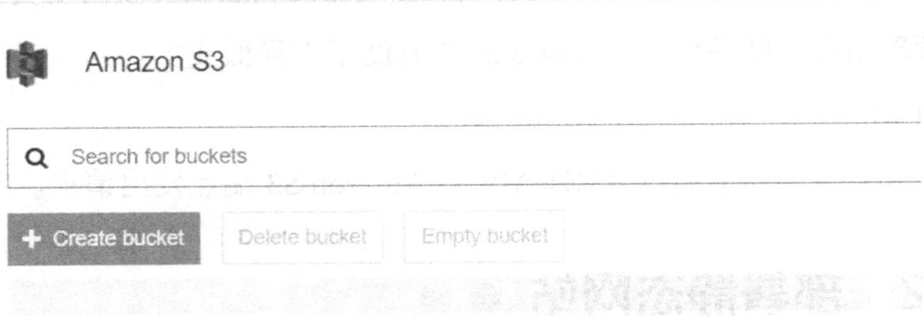

图 2-4 创建 Amazon S3 存储桶

4. 这将打开 **Create bucket** 创建存储桶对话框，需要提供以下信息。

存储桶名称：输入唯一的存储桶名称。本书中，我们使用了 www.aws-serverless.tk，因为我们将使用 S3 存储桶来托管网站。根据 AWS 的操作指南，存储桶名称在 Amazon S3 中的所有现有存储桶名称中必须是唯一的。因此，需要选择存储桶名称。

区域：单击 **Region** 区域旁边的下拉列表，然后选择要创建存储桶的区域。我们将使用默认区域 US-East（N.Virginia）。

如果想从其他存储桶复制这些设置并应用于新存储桶，则可以单击 **Copy settings from an existing bucket** 从现有存储桶复制设置。在此处，我们将自己配置存储桶的设置，因此将此选项留空，如图 2-5 所示。

5. 单击 **Next**。我们将进入 **Properties** 属性窗口。在这里，如图 2-6 所示，我们可以设置 S3 存储桶的以下属性：

- **Versioning** 版本。
- **Server access logging** 服务器访问日志记录。
- **Tags** 标签。

AWS无服务器平台

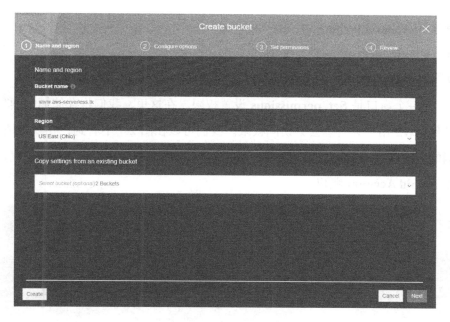

图 2-5　创建存储桶菜单：名称和区域

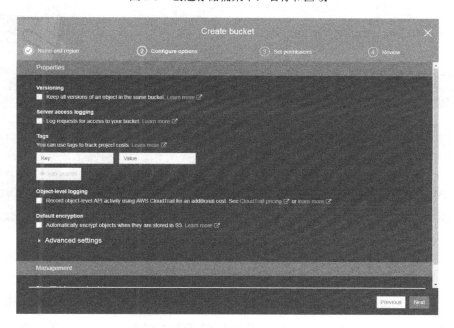

图 2-6　创建存储桶菜单：配置选项

- **Object-level logging** 对象级日志记录。
- **Default encryption** 默认加密。
- 在本练习中，我们使用默认属性，并单击 **Next** 按钮。

6. 下一个窗口是 **Set permissions** 设置权限。在这里，我们将存储桶的读写权限授予其他 AWS 用户并管理公共访问权限。我们可以在图 2-7 中看到，在默认情况下，存储桶的所有者具有读写权限。如果想将此存储桶的权限授予其他 AWS 账户，可以单击添加 **Add Account** 账户。

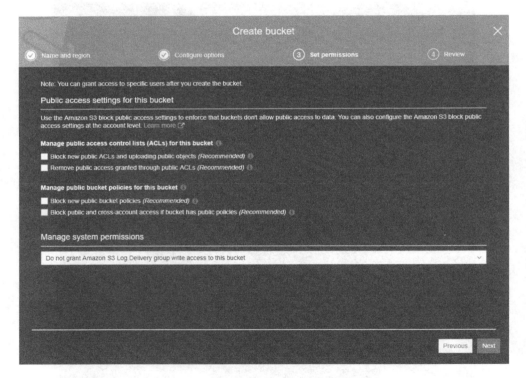

图 2-7　创建存储桶菜单：设置权限

7. 取消所有复选框，因为我们将使用此 S3 存储桶托管网站。

8. 使用 **Manage system permissions** 管理系统权限默认选项，然后，单击 **Next** 按钮转到 Review 审核页面。在这里可以查看 S3 存储桶的所有设置。如果要更改内容，

AWS无服务器平台

请单击 **Edit** 编辑按钮并进行更改。或者，单击 **Create Bucket** 创建存储桶，如图 2-8 所示。

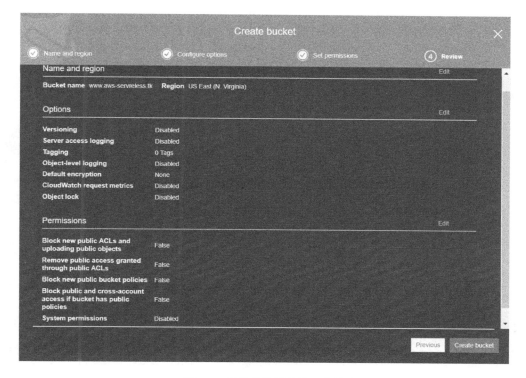

图 2-8　创建存储桶菜单：审核

9. 单击新创建的存储桶，然后单击第二个选项卡 **Properties** 属性，并启用 **Static website hosting** 静态网站托管，如图 2-9 所示。

10. 选择 **Use this bucket to host a website**，使用此存储桶托管网站选项。输入 index 文件的名称，此文件将用于显示网站的主页。还可以添加 `error.html` 文件，该文件将在出现错误时显示页面，这里我们没有为练习添加 error.html 文件。还可以设置重定向规则，以将对象的请求重定向到同一存储桶中的另一个对象或外部 URL。单击 **Save** 保存按钮将其保存，如图 2-10 所示。

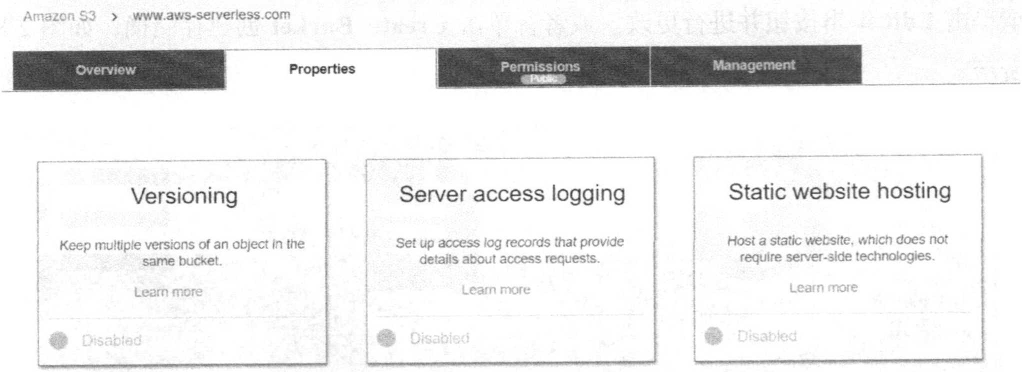

图 2-9 在属性下启用静态网站托管选项

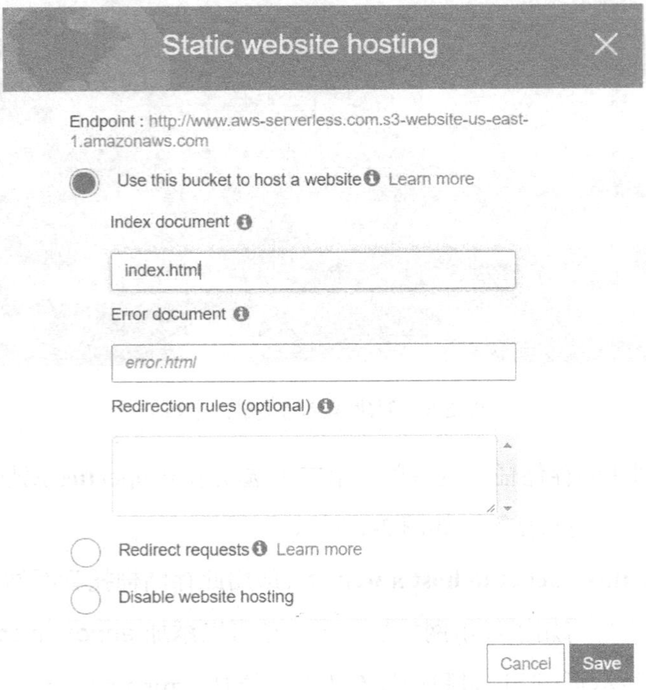

图 2-10 静态网站托管菜单

注：记下页面顶部的 Endpoint 端点信息，这将是你的网站的 URL。在图 2-10 中，它是 http://www.awsserverless.com.s3-website-useast-1.amazonaws.com/。

AWS无服务器平台

11. 接下来，单击 **Overview** 概述选项卡。

12. 在 Overview 选项卡中，单击 **Upload** 上传文件。单击 **Add files** 添加文件，将 `index.html` 页面（在代码包中的 `Chapter02` 文件夹可以找到）作为对象上传到 S3 存储桶中。现在，单击 **Next** 按钮，如图 2-11 所示。

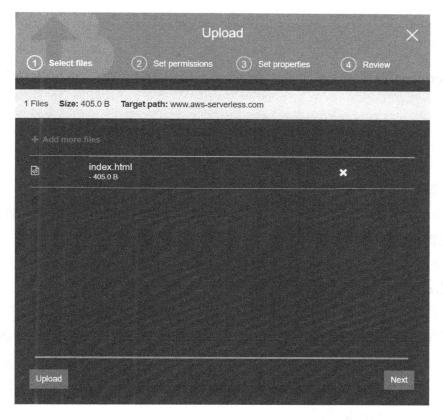

图 2-11 将 Index.html 文件上传到 Amazon S3 存储桶

注：`index.html` 文件是一个简单的 HTML 文件，包含一些基本标记，仅用于演示。

13. 在 **Manage Public Permissions** 管理公共权限下，选择 **Grant public read access to this object(s)**，为此对象授予公共读取访问权限，其余设置保持不变。

14．单击 **Next**。将所有 **Set properties** 设置属性的内容都保留为默认值。在下一个页面中，查看对象属性，然后单击 **Upload** 上传按钮。

恭喜！刚刚使用 Amazon S3 存储桶部署了网站。

15．转到计算机上的浏览器，并打开在步骤 10 中记下的端点，会看到屏幕上显示的主页（`index.html`），如图 2-12 所示。

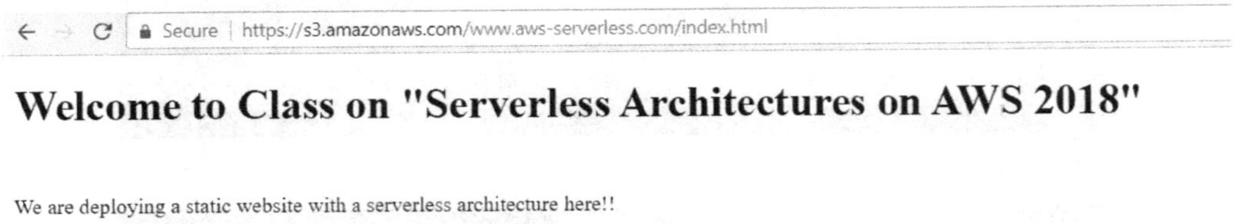
Secure
https://s3.amazonaws.com/www.aws-serverless.com/index.html
Welcome to Class on "Serverless Architectures on AWS 2018"
We are deploying a static website with a serverless architecture here!!

图 2-12　在浏览器上查看上传的 index.html 文件

通过上面的练习，我们成功地在 S3 存储桶上部署了静态网站。

实际上，S3 服务还可以支持非常丰富的场景，例如媒体托管、备份和存储、应用程序托管、软件和数据交付等，你可以根据需要进行使用。

2.2.4　启用版本控制

现在，我们将考虑在 S3 存储桶上启用版本控制。以下是执行此操作的步骤。

1．登录 AWS 账户。

2．在 S3 存储桶列表中，选择要启用版本控制的存储桶。

3．选择 **Properties** 属性。

4．选择 **Versioning** 版本控制。

5．选择 **Enable versioning** 启用版本控制或者 **Suspend versioning** 暂停版本控制，然后单击 **Save** 保存。

2.3 S3和Lambda集成

我们可以通过Amazon S3调用Lambda函数。这里，事件（event）数据作为参数传递。通过这样的集成，可以编写处理Amazon S3事件的Lambda函数，例如，在创建新的S3存储桶时，你想要执行某些操作，可以编写Lambda函数并根据Amazon S3中的活动调用它，如图2-13所示。

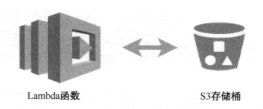

图2-13　Amazon S3与AWS Lambda的集成

2.3.1 练习3：编写Lambda函数，读取S3中的文本文件

在本练习中，我们将演示Amazon S3与AWS Lambda服务的集成。我们先创建一个S3存储桶，并上传一个文本文件，然后编写一个Lambda函数来读取该文本文件。接着，我们将进一步与API Gateway服务集成，以将该文本文件的输出作为API访问的响应，将在本章后面进行这个功能增强的演示。

以下是执行此练习的步骤。

1. 转到AWS服务控制台，并打开S3仪表板。单击**Create bucket**创建存储桶，输入存储桶名称 `lambda-s3-demo`。请注意，存储桶名称必须是唯一的，如图2-14所示。

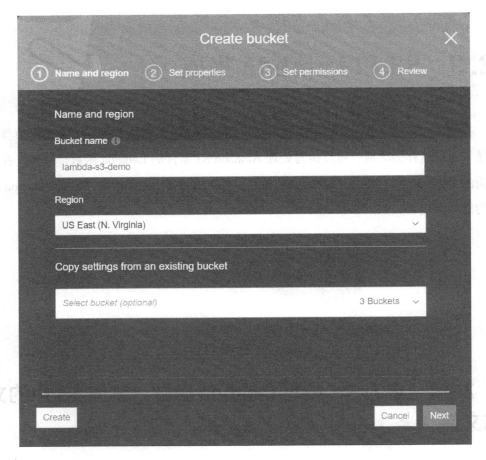

图 2-14　创建名为 lambda-s3-demo 的 S3 存储桶

2．单击 **Next**（下一步），然后按照指示创建存储桶，将所有设置保留为默认值。由于我们在同一个账户下编写 Lambda 函数并集成，因此无须显式地为此存储桶提供权限。

3．在本地磁盘中创建一个文件，并添加内容 `Welcome to Lambda and S3 integration demo Class!!` 到该文件中，保存为 `sample.txt`。

4．将此文件拖放到 **Upload** 上传窗口，将其上传到新创建的 S3 存储桶。

5．单击 **Upload** 上传，如图 2-15 所示。

AWS无服务器平台 2

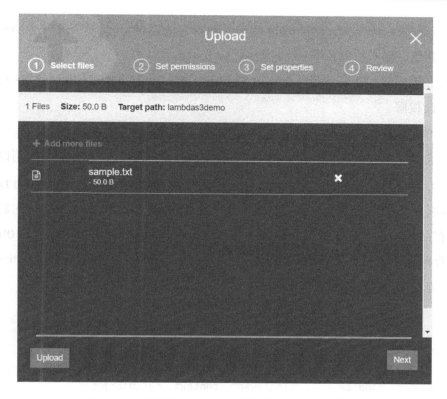

图 2-15　将示例文本文件上传到新创建的 S3 存储桶

注：请注意此文件的文本内容：`Welcome to Lambda and S3 integration demo Class!!`

6. 转到 AWS 服务页面，并搜索 Lambda 服务，然后打开 Lambda 仪表板。单击 **Create function** 创建函数，并提供以下详细信息。

- 输入 Lambda 函数的名称 `read_from_s3`。
- 选择运行时 **Node.js 10.x** 或者 **Node.js 8.10**[①]。

[①] 译者注：AWS Lambda 运行时是围绕不断进行维护和安全更新的操作系统、编程语言和软件库的组合构建的，原书中，Node.js 6.10 运行时已经弃用，请参考 https://docs.aws.amazon.com/zh_cn/lambda/latest/dg/runtime-support-policy.html。

- 选择 Create a new role from one or more templates，从 AWS 策略模版创建新角色，输入角色名称 read_from_s3_role。
- 在策略模板下，选择 Amazon S3 object read-only permissions 的 S3 对象只读权限。

7. 单击 Create function 创建函数。

8. 创建 Lambda 函数后，跳转到 Function code 函数代码部分，并使用以下代码替换 index.js 文件的内容，并保存。你也可以从示例代码 s3_with_lambda.js 文件中复制。在这个脚本中，我们创建了两个变量 src_bkt 和 src_key，它们将包含 S3 存储桶的名称和上传到存储桶的文件名称。然后，我们将使用 s3.getObject 从 S3 存储桶中检索该文件对象，并将该文件的内容作为 Lambda 函数的输出返回，其代码为：

```javascript
var AWS = require('aws-sdk');
var s3 = new AWS.S3();

exports.handler = function(event, context, callback) {
    // Retrieve the bucket & key for the uploaded S3 object that
    // caused this Lambda function to be triggered
    var src_bkt = 'lambdas3demo';
    var src_key = 'sample.txt';

    // Retrieve the object
    s3.getObject({
        Bucket: src_bkt,
        Key: src_key
    }, function(err, data) {
        if (err) {
            console.log(err, err.stack);
            callback(err);
        } else {
            console.log('\n\n' + data.Body.toString()+'\n');
```

AWS无服务器平台 2

```
            callback(null, data.Body.toString());
        }
    });
};
```

请注意，数据的默认输出将是二进制格式，因此我们使用 `toString` 函数将该二进制输出转换为字符串，如图 2-16 所示。

```
 6  //Create variables the bucket & key for the uploaded S3 object
 7  var src_bkt = 'lambdas3demo';
 8  var src_key = 'sample.txt';
 9
10  // Retrieve the object
11  s3.getObject({
12      Bucket: src_bkt,
13      Key: src_key
14  }, function(err, data) {
15      if (err) {
16          console.log(err, err.stack);
17          callback(err);
18      } else {
19          console.log('\n\n' + data.Body.toString()+'\n');
20          callback(null, data.Body.toString());
21      }
```

图 2-16　参考代码

9．单击 **Save** 按钮保存 Lambda 函数。

10．接着测试函数。在测试之前，必须要配置测试事件，就像我们在之前的练习中所做的那样。配置测试事件后，单击 **Test** 测试以执行 Lambda 函数。

一旦执行了该函数，将看到截图中高亮显示的内容 **Welcome to Lambda and S3 integration demo Class !!**。此消息是我们在步骤 3 中上传到 S3 存储桶的 `sample.txt` 文件的内容，如图 2-17 所示。

通过上面的练习，我们已经学习了关于 S3 与 Lambda 函数最基本的静态集成，在后面的思考题中，将完成把对象上传到 S3 这个活动作为一个事件触发器（trigger）执行 Lambda 函数的场景[①]。

---

① 译者注：此处在原书基础上进行了补充说明。

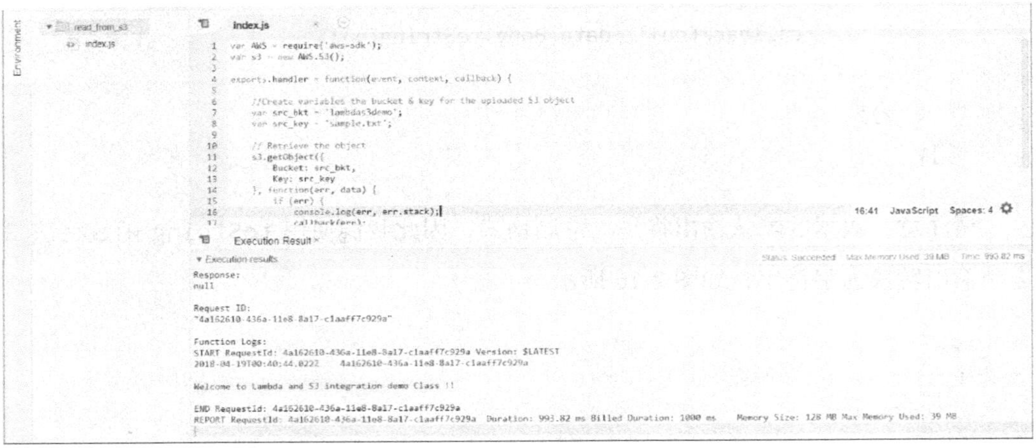

图 2-17　演示 Lambda 函数的执行情况

2.4　Amazon API Gateway

API 开发是一个复杂的过程，也是一个不断变化的过程。作为 API 开发的一部分，有许多固有的复杂任务，例如管理多个 API 版本、访问控制和授权、管理底层服务器及维护工作。这些内容使 API 开发对组织是否能以及时、可靠和可重复的方式交付软件这一过程提出了更高的挑战。

Amazon API Gateway 是 AWS 提供的一项服务，负责处理所有与 API 开发相关的问题（如上文所述），使得 API 开发过程变得更加健壮和可靠。现在让我们详细地研究一下这项服务。

2.4.1　什么是 Amazon API Gateway

Amazon API Gateway 是一项完全托管的服务，专注于创建、发布、维护、监控和保护 API。使用 API Gateway，可以轻松地创建 API，作为外部应用程序的单一集成点，同时使用其他 AWS 服务在后端实现业务逻辑和其他所需功能。

使用 API Gateway，只需在控制台中单击几次鼠标就可以快速定义 REST API[①]。你还可以定义 API 端点、关联资源和方法、管理 API 使用者的身份验证和授权、管理传入后端系统的流量、维护同一 API 的多个版本，以及执行 API 指标的监控等。还可以利用托管的缓存层，因为 API Gateway 服务会存储 API 响应，从而缩短响应时间。

以下是使用 API Gateway 的主要优势，我们也看到其他 AWS 服务也具有类似的优势，例如 Lambda 和 S3 具有以下特点：

- 可扩展性；
- 轻松监控；
- 按实际使用量付费；
- 安全性；
- 与其他 AWS 服务集成。

2.4.2　Amazon API Gateway 概念 ●●●

首先，我们了解下 Amazon API Gateway 的主要概念及其工作原理，这将有助于更好地使用 API Gateway。

- API 终端节点（API endpoints）。

API 终端节点是通信的一端，是访问 API 所有必需资源的位置。

- 集成请求（Integration requests）。

集成请求指定前端如何与后端系统通信。此外，可能需要根据运行的后端系统的类型来转换请求。可能的集成类型是 Lambda、AWS 服务、HTTP 和 Mock。

- 集成响应（Integration response）。

在后端系统处理请求后，API Gateway 会消费它们。在此，你可以指定从后端系统接收的错误/响应代码如何映射到 API Gateway 中定义的错误/响应代码。

[①] 译者注：目前 Amazon API Gateway 也支持 WebSocket API 的管理，请参考 https://docs.aws.amazon.com/zh_cn/apigateway/latest/developerguide/apigateway-websocket-api-overview.html。

- 方法请求（Method request）。

方法请求是用户（公共接口）和前端系统之间关于请求模式的约定，这包括 API 授权和 HTTP 定义。

- 方法响应（Method request）。

与 API 方法请求类似，你可以指定方法响应。在这里，可以指定支持的 HTTP 状态码和标头信息。

2.4.3 练习 4：创建 REST API，并将其与 Lambda 集成 ●●●●

接下来，我们会演示 API Gateway 的使用，并探索其不同的功能特性。除了这个演示之外，我们还将使用 API Gateway 创建一个简单的 REST API，并将其与 Lambda 函数集成。我们将扩展之前 S3 与 Lambda 集成的练习，创建一个 REST API 以将 `sample.txt` 的内容显示为 API 响应。

此 API 将与 Lambda 集成以执行该函数，并将定义 GET 方法捕获文件的内容，并将其显示为 API 响应，如图 2-18 所示。

图 2-18　API Gateway 与 Lambda 函数集成

以下是执行此练习的步骤。

1. 打开浏览器，并登录 AWS 控制台：https://aws.amazon.com/console/。

2. 单击 Service 服务旁边的下拉列表或在搜索框中输入 API Gateway，然后选择该服务，如图 2-19 所示。

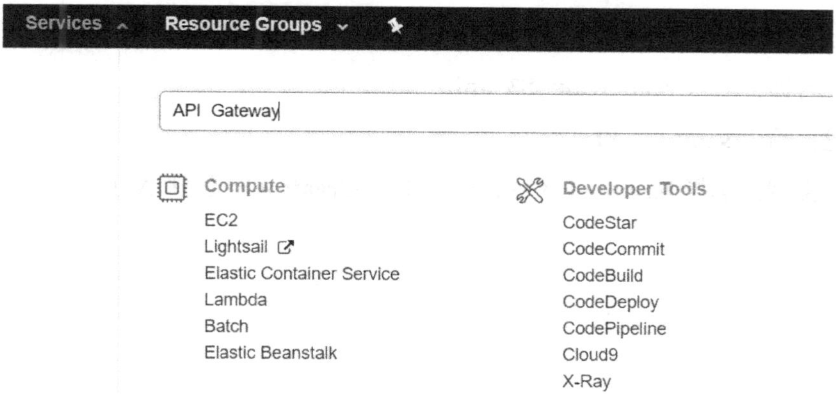

AWS无服务器平台 2

```
Services    Resource Groups

API Gateway

Compute                              Developer Tools
EC2                                  CodeStar
Lightsail                            CodeCommit
Elastic Container Service            CodeBuild
Lambda                               CodeDeploy
Batch                                CodePipeline
Elastic Beanstalk                    Cloud9
                                     X-Ray
```

图 2-19　在服务中搜索 API Gateway

3. 如果是第一次访问 API Gateway 页面，请单击 **Get Started** 开始使用。否则，可以单击 **Create New API** 创建新 API，如图 2-20 所示。

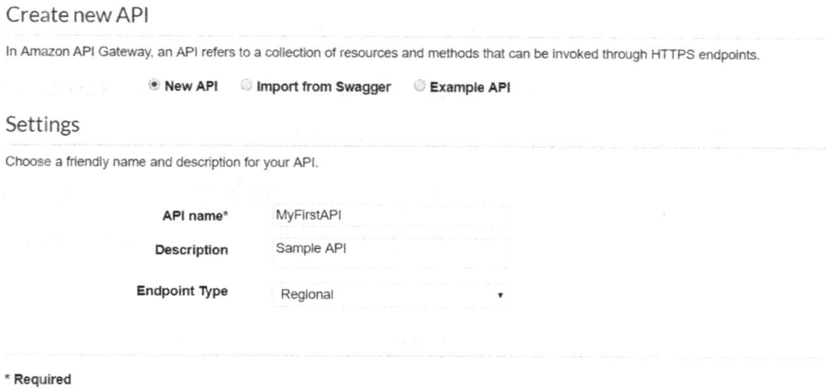

```
Create new API
In Amazon API Gateway, an API refers to a collection of resources and methods that can be invoked through HTTPS endpoints.

    ● New API    ○ Import from Swagger    ○ Example API

Settings
Choose a friendly name and description for your API.

    API name*      MyFirstAPI
    Description    Sample API
    Endpoint Type  Regional           ▼

* Required
```

图 2-20　创建新 API 页面

这里有三个选项可供选择[①]：**New API**（创建新 API）、**Import from Swagger**（从 Swagger 导入）、**Example API**（示例 API）。

[①] 译者注：Amazon API Gateway 目前还提供从现有 API 克隆和从 Open API 3 导入这两个选项，更多信息请参考 https://docs.aws.amazon.com/zh_cn/apigateway/latest/developerguide/create-api-using-console.html。

4. 选择 New API（新建 API），如图 2-21 所示，并提供以下详细信息。

API 名称：输入 read_from_S3_api。

描述：输入 sample API。

端点类型：选择 Regional 区域，然后单击 Create API 创建 API。

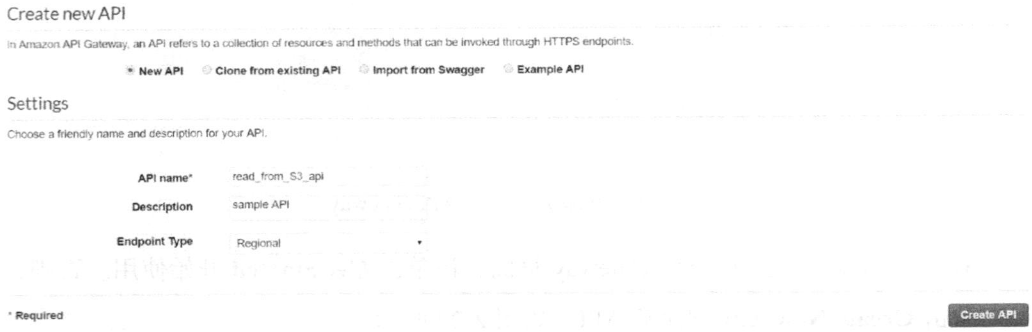

图 2-21　新建 API

5. 在下一页中，单击 **Actions** 操作。将看到一些选项，如 **Resources** 资源和 **Methods** 方法。资源作为任何 RESTful API 的构建块，有助于信息抽象。方法定义了对资源执行的操作类型。资源包含一组对其进行操作的方法，例如 **GET**、**POST** 和 **PUT**。我们还没有为此练习创建任何资源，因此 AWS 控制台将只具有根资源，而没有其他资源。

6. 现在，创建一个资源。在资源仪表板上，提供资源名称，然后单击 **Action** 操作下拉列表中的 **Create Resource** 创建资源。

7. 在 **Resource Name** 资源名称字段中输入 read_file_from_s3，然后单击 **Create Resource** 创建资源，如图 2-22 所示。

8. 创建一个方法获取信息。选择新创建的资源，然后单击 **Action** 操作以创建方法。从可用方法中选择 GET，然后单击√确认 GET 方法类型，如图 2-23 所示。

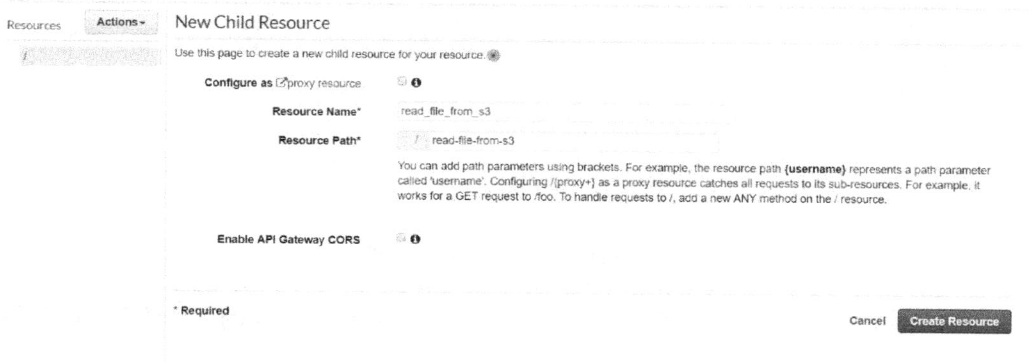

AWS无服务器平台

图 2-22 创建资源

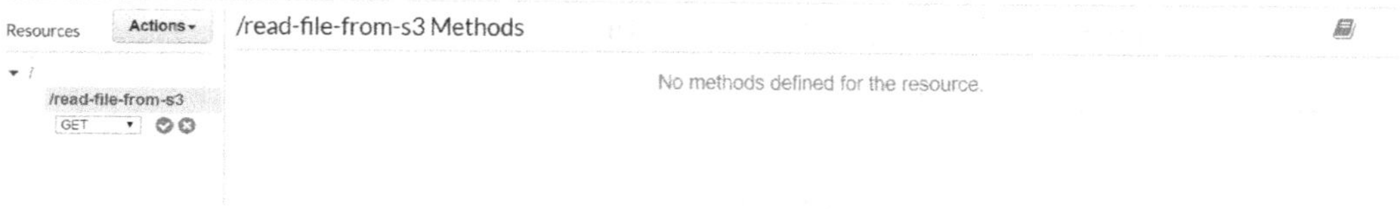

图 2-23 创建方法

9. 选择 Lambda Function 作为集成类型，如图 2-24 所示。

图 2-24 选择 Lambda 函数作为集成类型

10. 单击 Save 保存后，可能会收到警告。这里，AWS 要求提供 API Gateway 权限以调用 Lambda 函数。

图 2-25　启用 API Gateway 权限的警告

11. 单击 **OK** 确定后将出现如图 2-26 所示页面，展示了 API 的工作流程，以下是 API 工作的步骤。

- API 将调用 Lambda 函数。
- 执行 Lambda 函数，并将响应发送回 API。
- API 接收响应，并发布它。

图 2-26　API 的工作流程

12. 部署 API。单击 **Actions** 操作下拉列表，然后选择 **Deploy API** 部署 API，如图 2-27 所示。

13. 创建新的部署阶段，我们称之为 prod。单击 **Deploy** 部署 API，如图 2-28 所示。

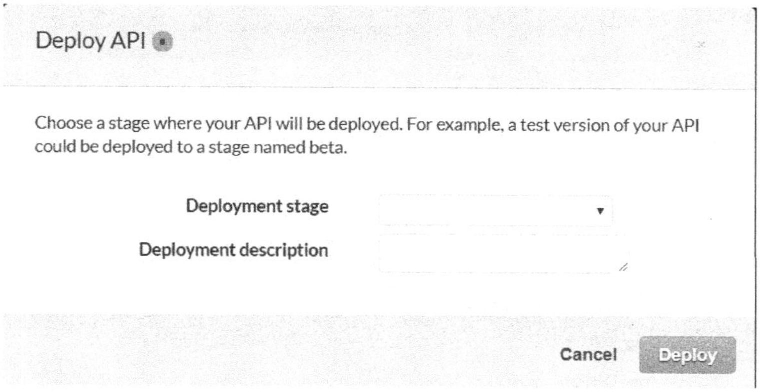

AWS无服务器平台

图 2-27 部署 API 菜单

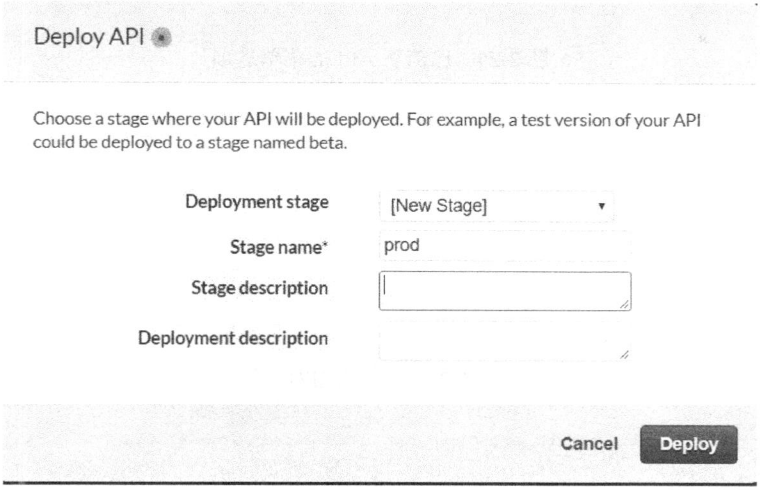

图 2-28 创建名为 prod 的新部署阶段

14. 部署 API 后,应该会看到如图 2-29 所示页面,这里有一些 API 的高级设置。我们先跳过这些配置。

15. 单击 **prod** 打开子菜单,然后选择为 API 创建的 GET 方法。调用的 URL 将会在页面上显示,可以通过访问此链接来访问 API,如图 2-30 所示。

如图 2-31 所示内容将出现在屏幕上。

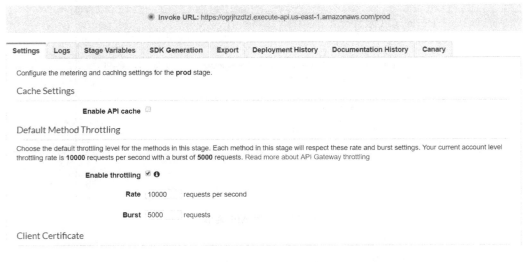

图 2-29　已部署 API 的菜单选项

图 2-30　调用 URL

图 2-31　调用 URL 的网页

太棒了！刚刚完成了 Amazon API Gateway 与 AWS Lambda 的集成。

2.5 其他 AWS 服务

现在我们将注意力转向其他云服务，首先从 Amazon SNS 开始，然后转向 Amazon SQS。

2.5.1 Amazon SNS

Amazon Simple Notification Services（SNS）是 AWS 提供的基于云的通知服务，它可以将消息传递给收件人或设备。Amazon SNS 使用发布/订阅模型传递消息。收件人可以订阅 Amazon SNS 中的一个或多个主题（topic），也可以由特定主题的所有者设置订阅。AWS SNS 支持通过多种传输协议进行消息传递。

Amazon SNS 非常容易配置，并且可以根据消息数量方便地进行扩展。使用 SNS 可以向大量订阅者（尤其是移动设备）发送消息。例如，假设为 AWS 中的一个 RDS 实例设置了监控，一旦 CPU 超过 80%，希望以电子邮件的形式发送警报，此时，可以设置 SNS 服务以实现此通知目标，如图 2-32 所示。

图 2-32 使用 SNS 服务建立警报机制

我们可以使用 AWS 管理控制台、命令行工具或 AWS SDK 设置 Amazon SNS。也可以使用 Amazon SNS 将消息广播到其他 AWS 服务，例如 AWS Lambda、Amazon SQS，以及 HTTP 端点、电子邮件或 SMS 等。

让我们快速了解 Amazon SNS 的基本组件及其功能。

- 主题（topic）

主题是用于发布消息的通信通道，可以订阅主题以开始接收消息。它可以为发布者和订阅者提供相互通信的通信端点。

- 发布消息

Amazon SNS 允许发布消息，然后将消息发送到已配置为特定主题的订阅者的所有端点。

以下是 Amazon SNS 的一些应用。

- 订阅消息

使用 SNS，可以订阅特定主题并开始接收发布到该特定主题的所有消息。

- 端点

使用 Amazon SNS，可以将消息发布到端点，端点可以根据需要使用不同的应用程序。可以拥有 HTTP 端点，也可以将消息传递给其他 AWS 服务（作为端点），例如 SQS 和 Lambda。使用 SNS，还可以将电子邮件或 SMS 配置为端点。请注意，SMS 设施仅在有限的国家或地区提供，请查看 Amazon SNS 文档以获取更多详细信息[1]。

2.5.2 Amazon SQS ●●●●

在简单的消息队列服务中，应用程序扮演着生产者（producer）和消费者（consumer）的角色。生产者应用程序创建消息，并将它们传递给队列，然后，消费者应用程序连接到队列，并接收消息。Amazon SQS 就是这种消息队列的托管服务。

Amazon Simple Queue Service（SQS）是一种完全托管的消息队列服务，它使应用程序能够通过相互发送消息进行通信，如图 2-33 所示。

---

[1] 译者注：请参考 https://docs.aws.amazon.com/zh_cn/sns/latest/dg/sms_supported-countries.html。

AWS无服务器平台

图 2-33 使用 Amazon SQS 实现应用程序之间的通信

Amazon SQS 提供了一种安全可靠的方法来设置消息队列。目前，Amazon SQS 支持以下三种类型的消息队列。

- 标准队列

标准队列可以支持接近无限的吞吐量，即每秒接近无限数量的事务。这些队列不保证消息传递顺序不变，这意味着消息的传送顺序可能与最初发送的顺序不同。此外，标准队列工作模型为**至少传送一次**（**at-least-once**），其中消息至少传送一次，但也可能多次传送。因此，我们需要一个机制来处理消息去重复性。当吞吐量比请求的顺序更重要时，应该使用标准队列。

- FIFO 队列

FIFO 队列工作模型为**先进先出**（**First-In-First-Out**），严格保持消息的发送和接收顺序，收到消息的顺序与发送消息的顺序相同。由于顺序和其他限制，FIFO 队列的吞吐量与标准队列提供的吞吐量不同。当消息的顺序很重要时，应该使用 FIFO 队列。

注：FIFO 队列支持的消息数量有限制[①]。

- 死信队列（Dead Letter）

死信队列是用来接收没有成功处理的消息的队列。可以将死信队列配置为来自其他队列的所有未处理消息的目标。

与 Amazon SNS 一样，也可以使用 AWS 管理控制台、命令行工具或 AWS SDK

---

① 译者注：请参考 https://docs.aws.amazon.com/zh_cn/AWSSimpleQueueService/latest/ SQSDeveloper Guide/sqs-limits.html#limits-queues。

设置 Amazon SQS 服务。

2.5.3 Amazon DynamoDB ●●●

Amazon DynamoDB 是一种完全托管的 NoSQL 数据库服务。在这里，不必面对分布式数据库的维护和扩展的问题。与其他无服务器 AWS 服务一样，使用 Amazon DynamoDB，不必担心硬件设置、配置数据复制或集群扩展。

DynamoDB 使用分区键（partition key）的概念将数据分布到不同分区以实现可扩展性，因此选择具有广泛取值区间，并且可能具有均匀分布的访问模式的属性非常重要。

使用 DynamoDB，不需要最低费用或预付费，只需为使用的资源付费。DynamoDB 的定价取决于预置的吞吐量容量[①]。

- **吞吐量**

在 DynamoDB 中，当计划配置表时，如何知道从应用程序中获得最佳性能所需的吞吐量是多少呢？

容量取决于每秒尝试执行的读取次数和写入次数。此外，我们需要了解强一致性和最终一致性的概念。根据设置，DynamoDB 将保留并分配足够的资源，以保持较低的响应时间，并在足够的服务器上对数据进行分区，以满足保持应用程序读写需求的容量。

注：最终一致性是无法保证正在读取的内容是最新更新的数据。强一致性则始终可以读到最新版本的数据。在 DynamoDB 中，最终一致性的操作容量是强一致性操作的一半。

---

① 译者注：Amazon DynamoDB 具有两种容量模式，这些模式附带了用于处理表上的读取和写入的特定计费选项：按需和预置，更新信息请参考 https://amazonaws-china.com/cn/dynamodb/pricing/。

现在，我们来看一些重要的术语。

- 读取容量

希望每秒读取的项目（item）数。必须注意请求的项目大小，一个 2KB 的项目消耗的吞吐量是 1KB 项目的两倍。

- 写入容量

希望每秒写入多少项目。

> 注：在预置模型下，即使你未将任何数据加载到 DynamoDB 中，也需要为这些保留的资源付费。你可以随时更改配置的读取和写入容量。

2.5.4 DynamoDB 流 ●●●●

DynamoDB 流（DynamoDB Streams）是一种帮助我们捕获 DynamoDB 表的活动的服务。这些流在 DynamoDB 表中提供有序的项目级修改序列，并将这些信息存储长达 24 小时。可以将 DynamoDB 流与其他 AWS 服务结合使用以解决各种问题，例如审计日志、数据复制等。DynamoDB 流应确保以下两件事。

- 没有重复的流记录，这确保每个流记录只出现一次。
- 维护有序的流序列，这意味着流记录的显示顺序与对表的修改顺序相同。

AWS 为 DynamoDB 和 DynamoDB 流维护单独的端点。要使用数据库表和索引，应用程序需要访问 DynamoDB 端点。要读取和处理 DynamoDB 流记录，应用程序需要访问同一区域中的 DynamoDB 流端点。

2.5.5 DynamoDB 流与 Lambda 集成 ●●●●

Amazon DynamoDB 可以与 AWS Lambda 集成，这样可以创建自动响应 DynamoDB 流事件的触发器。使用触发器可以构建对 DynamoDB 表中的数据修改做出反应的应用程序。

与 Lambda 集成，可以对 DynamoDB 流执行许多不同的操作，例如在 S3 上存储数据修改记录或使用 AWS 服务（如 SNS）发送通知。

2.5.6　练习 5：创建 SNS 主题并订阅 ●●●●

在本练习中，我们将创建一个 SNS 主题并订阅它。那么，让我们开始吧。

1. 转到 AWS 服务，并在搜索框中输入 SNS。打开服务后，将显示以下内容。单击 **Get started** 开始使用，它将带我们进入 SNS 仪表板，如图 2-34 所示。

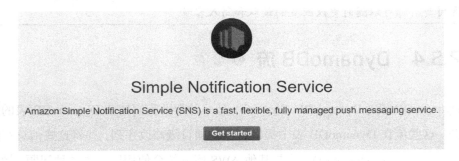

图 2-34　创建新的 SNS 服务

2. 单击左侧菜单上的 **Topics** 主题，然后单击 **Create new topic** 创建新主题，如图 2-35 所示。

图 2-35　创建一个新主题

3. 设置 **Topic name** 主题名称为 **TestSNS**，**Display name** 显示名称提供为 **TestSNS**，然后单击 **Create topic** 创建主题，如图 2-36 所示。主题名称和显示名称也

AWS无服务器平台

可以不同。

![Create new topic 对话框，Topic name 和 Display name 均为 TestSNS]

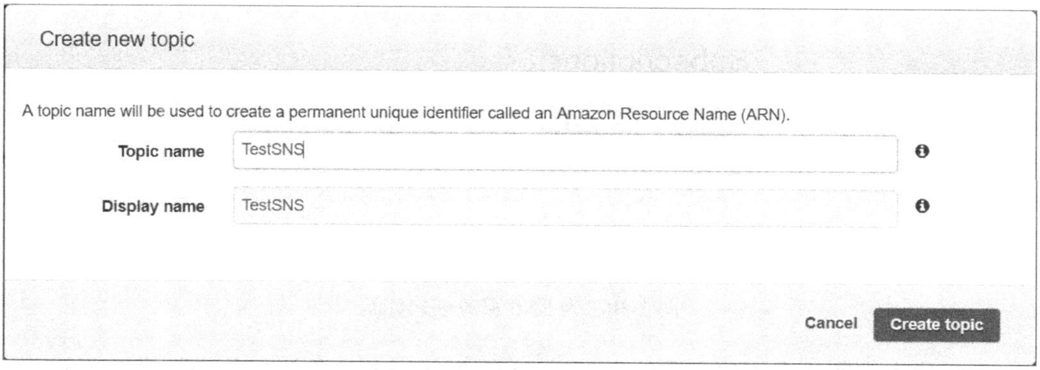

图 2-36 为主题提供主题和显示名称

4. 成功创建主题后，将显示如图 2-37 内容，页面上有主题的名称和主题的 ARN。

> 注：ARN 代表 Amazon Resource Name，即 Amazon 资源名称，用于标识 AWS 中的特定资源。

图 2-37 新创建的主题的摘要页面

请注意，如果需要在任何其他 AWS 服务中引用特定 AWS 资源，请使用 ARN。

我们已成功创建了一个主题，然后继续为该主题创建订阅。我们将在订阅创建过程中设置电子邮件通知，每当某些内容发布到主题时就会收到电子邮件通知。

5. 单击左侧菜单上的 **Subscriptions** 订阅，然后单击 **Create subscription** 创建订

阅，如图 2-38 所示。

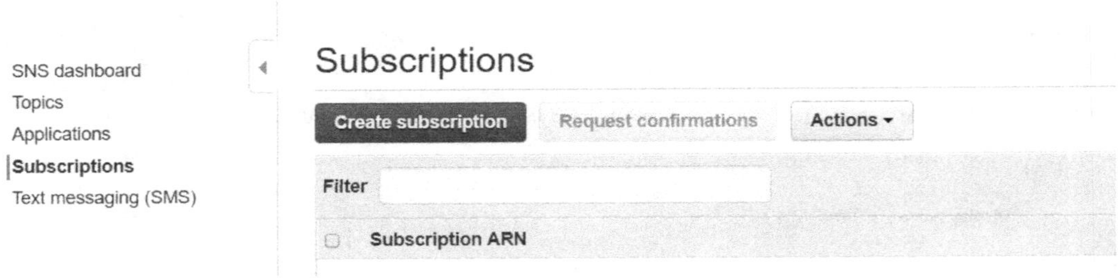

图 2-38　为 SNS 服务创建订阅

6. 输入步骤 4 中创建主题的 ARN。单击 **Protocol** 协议旁边的下拉列表，然后选择 **Email** 电子邮件，提供电子邮件地址作为端点的值。然后，单击 **Create subscription** 创建订阅，如图 2-39 所示。

图 2-39　创建新订阅

7. 成功创建订阅后，应该看到如图 2-40 所示内容。请注意，订阅的当前状态是 `PendingConfirmation` 等待确认。

8. 检查电子邮件，应该已收到亚马逊的电子邮件通知以确认订阅，如图 2-41 所示。单击 **Confirm Subscription** 确认订阅。

AWS无服务器平台

图 2-40　新创建的订阅摘要

图 2-41　从注册的电子邮件地址验证订阅

确认订阅后，可以看到如图 2-42 所示内容。

图 2-42　订阅已确认

9. 现在，返回 **Subscription** 订阅页面，会发现状态 **PendingConfirmation** 已消失。如果仍然看到 **PendingConfirmation**，请单击刷新按钮，它应该就会消失了，如图 2-43 所示。

至此，我们已经成功创建了一个 SNS 主题，并且也成功订阅了该主题。每当有任何内容发布到此主题时，都会收到电子邮件通知。

图 2-43 确认的 ARN 订阅摘要

2.5.7 练习 6：SNS 与 Lambda 集成

在本练习中，我们将创建 Lambda 函数，并将其与 SNS 集成以发送电子邮件通知，如图 2-44 所示。

图 2-44 将 Lambda 函数与 SNS 集成以启用电子邮件订阅

以下是执行此练习的步骤。

1. 转到 AWS 服务控制台，在搜索框中输入 Lambda。然后，打开 Lambda 管理页面。

2. 单击 **Create function** 创建函数，并保留当前选择，即从头开始创作，如图 2-45 所示。

图 2-45 从头开始创建 Lambda 函数

AWS无服务器平台

3．然后，提供以下详细信息。

Name：函数名称，输入 **lambda_with_sns**

Runtime：选择 **Node.js 10.x** 或者 **Node.js 8.10** 运行语言[①]

Role：选择 **Create new role from one or more template** 从 AWS 策略模版创建新角色。在这里，我们创建一个 Lambda 函数来发送 SNS 通知。

Role name：角色名称输入 **LambdaSNSRole**。

Policy templates：然后选择 **SNS publish policy** SNS 发布策略，如图 2-46 所示。

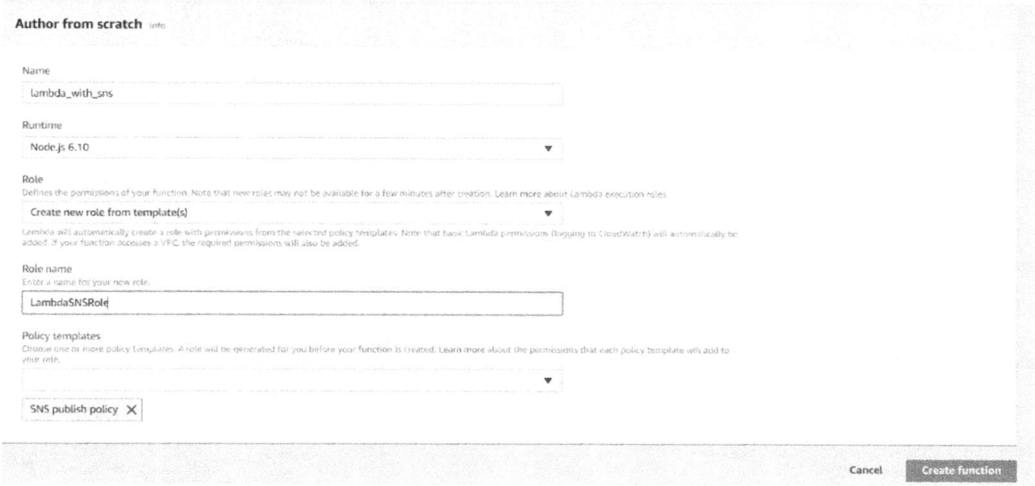

图 2-46　从头开始创建 Lambda 函数

4．现在，单击 **Create function** 创建函数。成功创建函数后，应该看到如图 2-47 所示消息。

5．让我们跳转到函数的代码部分，转到 GitHub 项目[②]，并将代码复制粘贴到此

---

① 译者注：AWS Lambda 运行时是围绕不断进行维护和安全更新的操作系统、编程语言和软件库的组合构建的，原书中 Node.js 6.10 运行时已经弃用，请参考 https://docs.aws.amazon.com/zh_cn/lambda/ latest/dg/runtime-support-policy.html。

② 译者注：https://github.com/TrainingByPackt/Serverless-Architectures-with-AWS/blob/master/Lesson02/lambda_with_sns.js。

页面的代码部分，如图 2-48 所示。

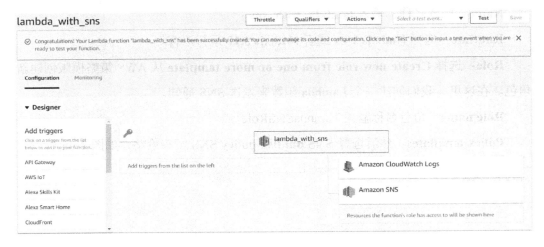

图 2-47　函数创建通知

```
index.js

var aws_sdk = require('aws-sdk');
aws_sdk.config.region = 'us-east-1';

exports.handler = function(event, context) {
    var sns = new aws_sdk.SNS();

    sns.publish({
        Message: 'Publish Test Message to SNS from Lambda',
        TopicArn: 'arn:aws:sns:us-east-1:989301460252:TestSNS'
    }, function(err, data) {
        if (err) {
            console.log(err.stack);
            return;
        }
        console.log('Message sent successfully');
        console.log(data);
```

图 2-48　将代码从 GitHub 项目添加到函数的代码部分

以下是代码主要部分的说明。

`sns.publish`：发布操作，用于向 Amazon SNS 主题发送消息。在练习中有一个该主题的电子邮件订阅，我们打算发布到这里。因此，消息成功发布后将会收到电子邮件通知。

`Message`：要发送给主题的消息，消息文本将传递给订阅者。

`TopicArn`：要发布的主题。这里，我们将发布到练习中创建的 TestSNS 主题。因此，复制粘贴在练习中创建的主题 ARN。

6．单击右上角的 **Save** 保存按钮。现在，我们可以测试代码了。

AWS无服务器平台

7. 单击 **Test** 测试按钮，需要配置测试事件。让我们创建一个名为 **TestEvent** 的测试事件，然后单击 **Save** 按钮，如图 2-49 所示。

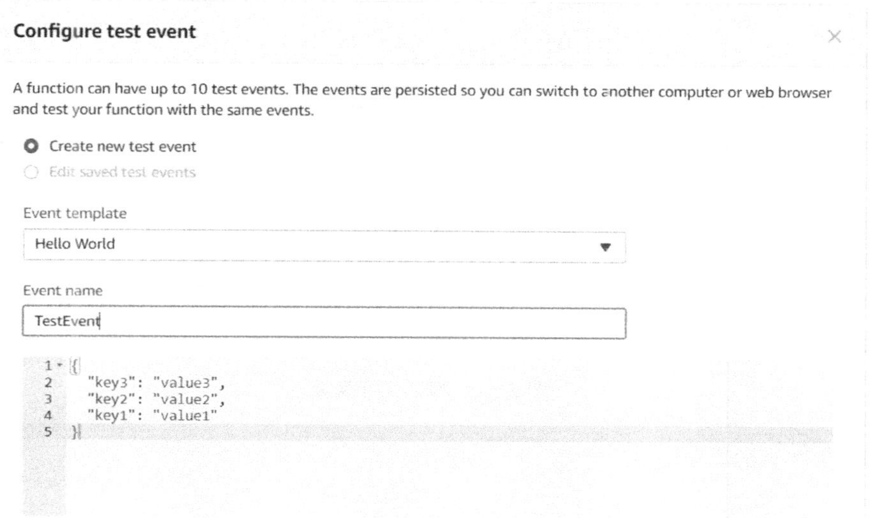

图 2-49 创建名为 TestEvent 的测试事件

8. 单击 **Test** 测试按钮，将看到如图 2-50 所示内容。

图 2-50 测试执行成功通知

9. 展开测试执行结果。这里可以找到有关函数执行的更多详细信息，也可以查看函数执行的持续时间、已配置的资源、计费持续时间和使用的最大内存，如图 2-51 所示。

10. 也可以在 **Function code** 函数代码部分查看执行结果，如图 2-52 所示。

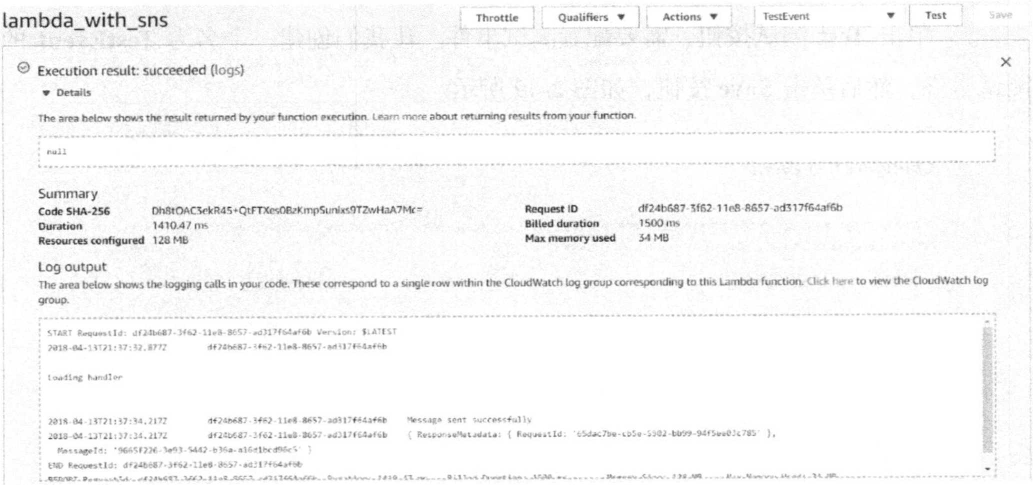

图 2-51 测试执行摘要

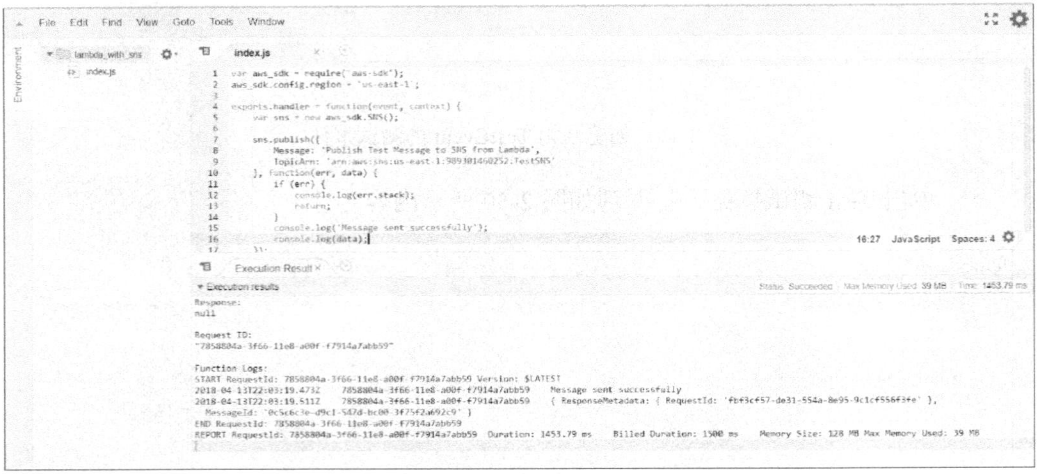

图 2-52 在功能代码下查看测试执行结果

我们可以看到，执行结果中的消息是消息发送成功的，这确认了 Lambda 代码成功向 SNS 主题发送通知。

现在检查电子邮件，它在练习中被配置为订阅者，应该会看到如图 2-53 所示 AWS 通知消息。

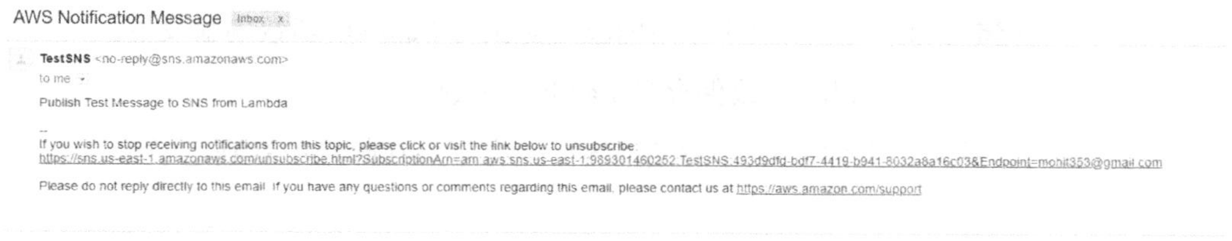

AWS无服务器平台

图 2-53　来自名为 TestSNS 的 SNS 服务的电子邮件示例

至此，我们完成了 Amazon SNS 与 Lambda 的简单集成。

2.5.8　思考题 3：将对象上传到 S3 存储桶时获取电子邮件通知 ● ● ● ●

在练习 2 中，我们演示了与 Amazon SNS 的 Lambda 集成。在练习 2 中，每当执行 Lambda 函数时，我们都会收到 SNS 服务生成的电子邮件通知。现在，我们将扩展这个练习。

假设你正在处理某些事件，每当特定事件出错时，你都会将有问题的事件移动到 S3 存储桶中，以便可以单独处理它们。此外，只要有任何此类事件到达 S3 存储桶，你就会收到电子邮件通知。

因此，这个思考题需要设置一种机制，使你可以在新对象上传到 S3 存储桶时收到电子邮件通知。当一个新对象被添加到 S3 存储桶时，它将触发在早期练习中创建的 Lambda 函数，该函数将使用 SNS 服务发送所需的电子邮件通知。

以下是完成的步骤。

1．转到 AWS S3 服务，然后单击 **Create bucket** 创建存储桶。

2．提供名称和区域等详细信息。

3．选择适当的权限。

4．转到在之前练习中创建的 Lambda 函数，在 Lambda 配置部分下添加 S3 作为触发器。

5．添加与 S3 存储桶配置相关的所需详细信息，主要是存储桶名称。

6. 单击 **Add** 添加，以将该 S3 存储桶添加为执行 Lambda 函数的触发器。
7. 单击 **Save** 保存，以将更改保存到 Lambda 函数。
8. 尝试将新的示例文件上传到 S3 存储桶。现在应该在邮箱中看到电子邮件通知。

注：有关此思考题的解决方案，请参见附录。

2.6 小结

在本章中，我们研究了 Amazon S3 和无服务器部署，学习使用 Amazon API Gateway 及其与 AWS Lambda 的集成。接着，我们深入研究了一些完全托管的服务，例如 Amazon SNS、Amazon SQS 和 Amazon DynamoDB。最后，我们将 SNS 与 S3 和 Lambda 集成在一起。

在下一章中，我们将构建本章中介绍的 API Gateway，使用无服务器工具替换传统服务器，使应用程序更具可扩展性、高可用性和高性能，并与传统的本地 Web 应用程序进行比较。

构建和部署媒体应用程序

学习目标

在本章结束时，你将能够：
- 了解传统 Web 应用程序的挑战，并将传统应用程序无服务器化；
- 构建 API Gateway，并使用它上传二进制数据；
- 使用 AWS Lambda 处理媒体文件；
- 使用 Amazon Rekognition 识别图像。

本章将介绍如何构建一个上传和处理媒体文件的简单无服务器应用程序，进而部署第一个无服务器项目。

3.1 概述

即使是简单的媒体应用程序，在构建和扩展时，企业也面临着巨大的压力和挑战。构建应用程序的传统方法要求企业预先投入大量时间和金钱，一个简单的应用程序开发也可能成为公司的一个大项目。因此，在构建非常耗费资源、更加复杂的媒体处理应用程序时，情况会变得更糟。

在本章中，我们将讨论构建此类应用程序所面临的挑战，以及云原生开发如何改变应用程序构建和交付的方式。

3.2 设计媒体 Web 应用程序——从传统架构到无服务器 ●●●●

以传统方式构建媒体 Web 应用程序遵循着一定的路径，如图 3-1 所示。

图 3-1 构建媒体应用程序的传统方式

但是，在无服务器应用程序开发过程中，无须管理基础设施，而是依靠云提供商提供的支持。我们需要将应用程序开发设计为可独立部署的微服务，在无服务器开发期间，会将大型单体应用程序拆分为更小的独立业务单元。

这种无服务器开发带来了许多重要的模式及开发方法。此外，云提供商在软件开发生命周期的每个阶段都提供了许多托管服务，以帮助我们在无服务器模式下通过开箱即用的工具更快地构建应用程序。

构建和部署媒体应用程序　3

在下一节中，我们将了解在无服务器模式下构建媒体应用程序需要遵循的步骤。由于我们可能并不需要与 IT 部门联系，因此，在提出任何基础设施请求后要等上数周或数月。但云提供商可以在几分钟内为我们提供基础设施。

3.3　构建无服务器媒体 Web 应用程序 ●●●●

现在可能已经意识到，使用传统架构需要很多耗时的技术管理工作。在云时代，情况并非如此。云提供商负责提供所有基础设施、可扩展性和可靠性，以及应用程序的其他需求，因此我们可以只专注于业务逻辑。这不仅可以帮助我们专注在正确的事情上，还可以帮助我们大幅缩短产品/服务的上市时间。

为了更好地描述这一点，让我们通过一个快速示例看看如何在 AWS 云平台上实现它。

我们将部署一个简单的无服务器的媒体 Web 应用程序，图 3-2 描述了我们希望在本教程中能够实现的目标。客户端将使用这个应用程序将图像上传到 AWS，客户端调用 API 上传图像，这些 API 将托管在 API Gateway 中，并公开将图像上传到 S3 的端点。图像上传到 S3 后，S3 将自动触发一个事件以启动 Lambda 函数。此 Lambda 函数将读取图像并使用 Amazon Rekognition 服务处理它，以识别图像内的数据。所有涉及的基础设施均由 AWS 自动管理。

通过在 AWS 的全球基础设施上部署应用程序，可以轻松实现可扩展性和可靠性，如图 3-2 所示。

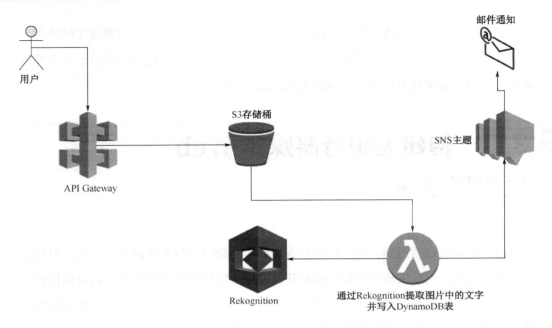

图 3-2　无服务器媒体 Web 应用程序的工作机制

3.3.1　练习 7：构建要与 API 一起使用的角色 ●●●●

在创建 API 之前，需要创建一个适当的角色，以便在创建 API 时将其分配给 API，在以下演示中，我们使用 AWS 的管理控制台进行操作。此角色应该有权创建、读取、更新、删除 S3 存储桶，并包含 `APIGatewayInvokeFullAccess` 权限。这个角色也应该添加身份提供商 `apigateway.amazonaws.com` 这个可信任的实体，以便 API Gateway 可以获得此角色。

以下是执行此练习的步骤。

1. 在 AWS 控制台中搜索 **IAM**，然后打开 **Identity and Access Management** 窗口。

2. 单击 **Roles** 角色，以查看现有角色。

3. 单击 **Create role** 创建角色，然后在 **Select type of trusted entity** 选择受信任实体的类型下选择 **AWS service**。

构建和部署媒体应用程序 3

4. 选择 **API Gateway** 并单击 **Next: Permissions** 下一步权限，如图 3-3 所示。

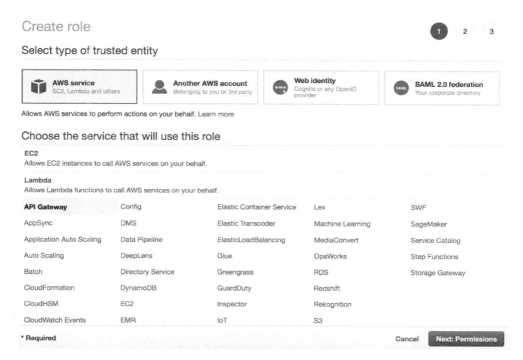

图 3-3　创建角色

5. 单击 **Next: Review** 下一步审核，不更改其他任何内容[①]。

6. 为角色命名，并输入角色描述，如图 3-4 所示，我们将其命名为 `api-s3-invoke-demo`。

角色创建完成，让我们为它添加所需的策略以使用 S3。

7. 单击新创建的角色转至 **Summary** 摘要页面。在该角色的摘要页面上，如图 3-5 所示，单击 **Attach Policy** 附加策略。

8. 在策略页面上，搜索并添加两个策略：`AmazonS3FullAccess` 和 `AmazonAPIGatewayInvokeFullAccess`。

---

① 译者注：创建过程中有些步骤书中未提及，请保持默认选项。

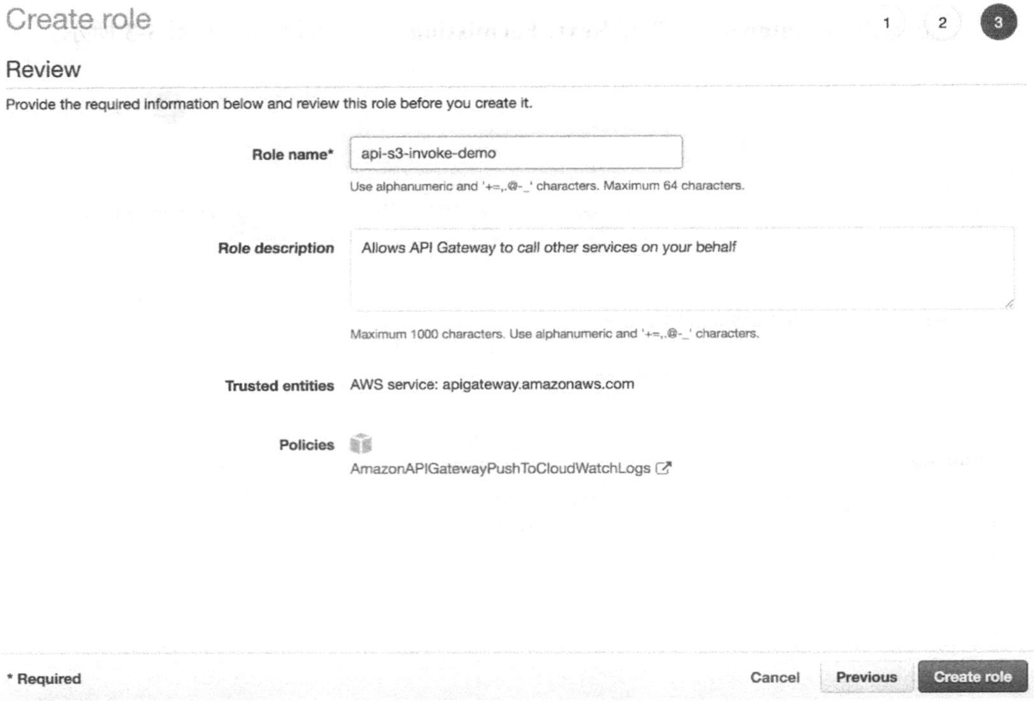

图 3-4 在审核部分提供角色信息

图 3-5 新创建角色的摘要页面

9. 附加政策后,最终角色摘要如图 3-6 所示。

构建和部署媒体应用程序 3

图 3-6　包含新附加策略的摘要页面

3.3.2　练习 8：创建与 Amazon S3 服务交互的 API

在本练习中，我们将创建一个与 Amazon S3 服务交互的 API。

我们将通过 API 将文件推送到 S3，并在 API 中创建 GET 方法以获取 S3 存储桶中的内容。所有这些都是无服务器的，这意味着我们不会提供任何 EC2 实例，而是使用 AWS 的托管无服务器基础设施。

以下是执行此练习的步骤。

1. 在 AWS 控制台的 **Amazon API Gateway** 部分中，单击 **Create API** 创建 API 按钮，如图 3-7 所示。

图 3-7　在 API Gateway 中创建新 API

2. 选择 New API radio，并添加以下详细信息，以创建新 API，如图 3-8 所示。

API Name：输入 API 名称为 `image-demo`。

Description：添加描述 `this is a demo api for images`。

Endpoint Type：端点类型选择 Regional 区域性。

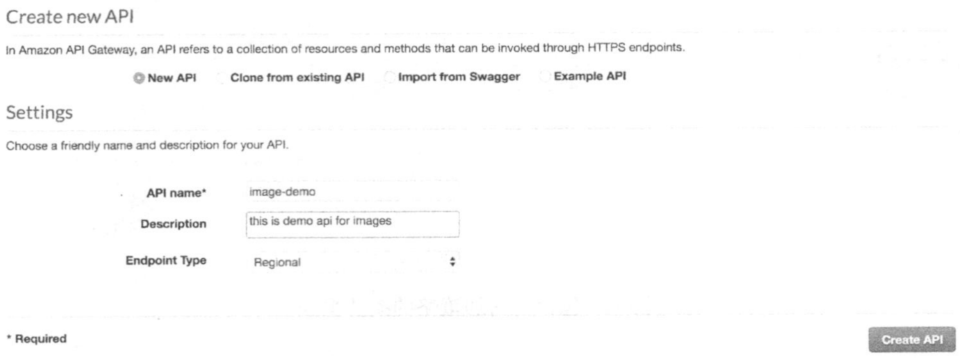

图 3-8　创建新 API

3. 单击 **Actions** 操作，并选择 **Create Resource** 创建名为 `image` 的子资源，并设置资源路径的路径变量，如图 3-9 所示。

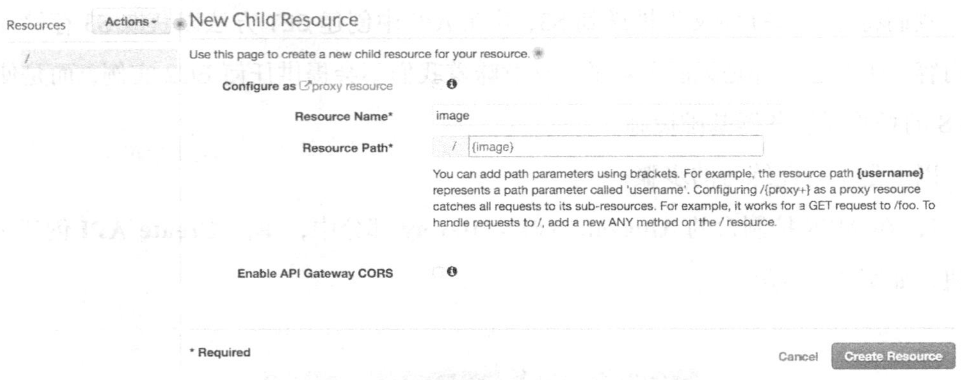

图 3-9　创建资源

确保在 **Resource Path** 资源路径中添加 {}。

4. 创建 `image` 的子资源，并将其命名为 `file`，如图 3-10 所示。

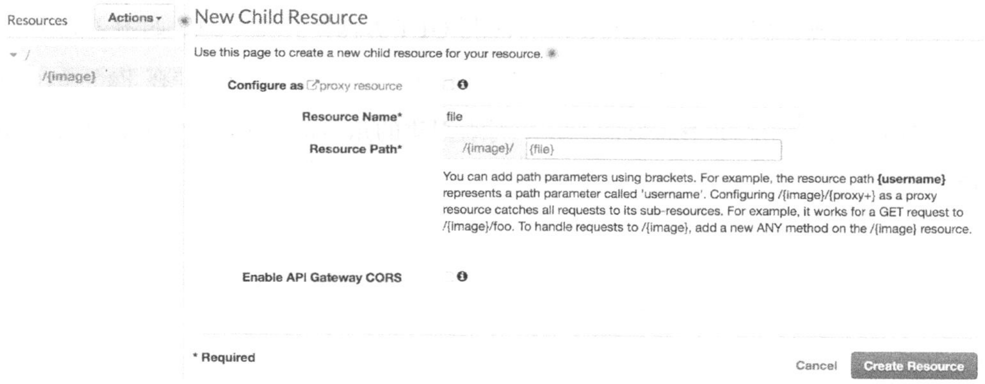

构建和部署媒体应用程序 3

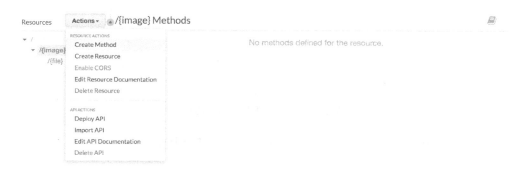

图 3-10　创建另一个资源

5. 现在资源已经创建完成，需要为 API 创建方法。单击"**/{image}**"，然后从 **Actions** 操作中选择 **Create Method** 创建方法，如图 3-11 所示。

图 3-11　创建方法

6. 然后，在设置中选择 **GET**，然后单击✓，如图 3-12 所示。

图 3-12　从下拉列表中选择 GET 方法

7. 选择集成类型为 AWS Service，并填写 GET 方法的详细信息，如图 3-13 所示。此外，在 Action 操作类型下选择 Use path override 使用路径覆盖，并在 Path override (optional)路径覆盖中填入{bucket}，以及刚刚创建的角色的 ARN，然后，单击 Save 保存。

图 3-13　设置 GET 方法的选项

8. 单击 Save 保存，能看到如图 3-14 所示的 GET 方法。

图 3-14　GET 方法的方法执行窗口

构建和部署媒体应用程序 3

可以在图 3-14 中看到以下四个部分：**Method Request** 方法请求、**Integration Request** 集成请求、**Integration Response** 集成响应和 **Method Response** 方法响应。

9. 返回 **Method Execution** 方法执行，并单击 **Method Request** 方法请求，然后将 Content-Type 添加到 **HTTP Request Headers** 请求标头部分，如图 3-15 所示。

▼ HTTP Request Headers

Name	Required	Caching	
Content-Type			

⊕ Add header

图 3-15　HTTP 请求标头部分

现在，我们需要将 **Method Request** 方法请求中的路径变量映射到 **Integration Request** 集成请求中。因为我们希望能将进入 API 请求的数据发送到后端系统，因此这是必须的。**Method Request** 方法请求表示传入的数据请求，而 **Integration Request** 表示发送到实际执行工作的系统的请求。在这种情况下，该系统是 S3。

10. 单击 **Integration Request** 并滚动到 **URL Path Parameters** 路径参数，单击 **Add Path** 添加以下内容：

Name：名称 **bucket**。

Mapped from：映射自 `method.request.path.image`。

11. 在 **Integration Request** 集成请求的 **HTTP headers** 标头部分中添加两个标头：x-amz-acl = 'authenticated-read' 和 Content-Type = method.request.header.Content-Type。

注：x-amz-acl 告诉 S3 这是经过身份验证的请求，用户需要有存储桶的读访问权限。

HTTP 标头和 URL 路径参数部分如图 3-16 所示。

12. 重复步骤 5 到 11 以创建 PUT 方法。在步骤 6 中必须选择 **PUT**，我们将使用此方法创建一个新存储桶。API 如图 3-17 所示。

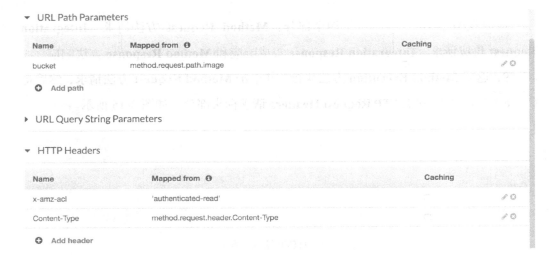

图 3-16　HTTP 标头和 URL 路径参数部分

图 3-17　PUT 方法的方法执行窗口

13. 创建 API，以将图像上传到指定的存储桶中。单击 **/{file}**，然后从 **Action** 操作下拉列表中选择 **Create Method** 创建方法。选择 PUT 方法，并按照如图 3-18 所示进行配置。注意避免路径覆盖，它应设置为 {bucket}/{object}。角色 ARN 应与之前的步骤相同。单击 **Save** 保存。

构建和部署媒体应用程序

图 3-18　PUT 方法的设置窗口

14. 在 **Method Request** 方法请求中,添加 **HTTP Header** 标头 **Content-Type**。

15. 单击 **Integration Request** 集成请求,然后在 **URL Path Parameters** 中添加桶和对象的映射,如图 3-19 所示,然后单击√,其中:

bucket = method.request.path.image

object = method.request.path.file

图 3-19　PUT 方法的方法请求窗口

16. 此外，添加 **Content-Type** 标头映射 `method.request.header.Content-Type`，这和前面的操作是类似的。

现在，我们需要做的另一件事是配置 API 以接受二进制图像内容。

17. 从左侧导航面板转到 **Settings** 设置，配置 API 以接受二进制图像内容，如图 3-20 所示。

图 3-20　设置选项接受二进制图像内容

18. 在 **Binary Media Types** 二进制媒体类型下添加 `image/png`，然后单击 **Save Changes** 保存更改，如图 3-21 所示。

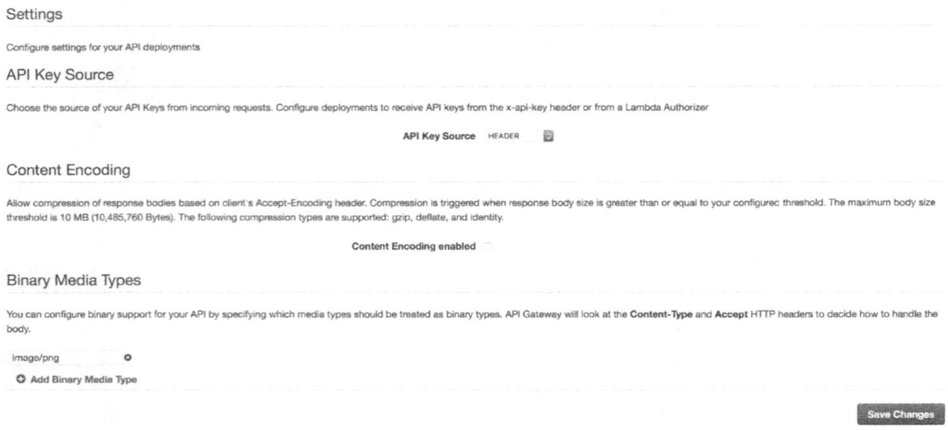

图 3-21　添加二进制媒体类型选项

构建和部署媒体应用程序

所有更改都已完成,现在我们准备部署 API。

19. 单击 **Actions** 操作下拉列表中的 **Deploy API** 部署 API,如图 3-22 所示。

图 3-22　通过单击操作下拉列表中的 Deploy API 选项来部署 API

20. 输入阶段详细信息和说明,然后单击 **Deploy** 部署,如图 3-23 所示。

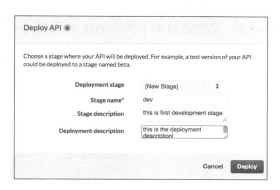

图 3-23　提供所有详细信息后部署 API

所有更改都已完成。现在我们准备部署 API。

21. API 部署在 **dev** 阶段,请注意调用 URL,如图 3-24 所示。

22. 可以使用任何 API 客户端(例如 SoapUI 或 Postman)来测试 API。我们将使用 ReadyAPI 工具,它具有强大的功能支持。

图 3-24　调用新部署的 API

注：可以通过以下链接下载 14 天免费试用版 https://smartbear.com/product/ready-api/free-trial/（必须输入自己的详细信息才能开始下载）。

23．现在，创建一个桶。在 SoapUI 中，为 PUT 请求创建一个新项目，并输入先前复制的调用 URL。在/dev 之后的路径中输入该存储桶名称，如图 3-25 所示。

图 3-25　为 PUT 请求创建一个新项目

24. 单击 **OK** 确定，单击 **Continue** 继续描述 API，如图 3-26 所示。

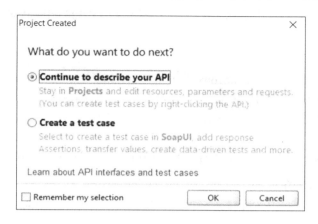

图 3-26　为项目选择适当的选项

25. 在 **Resource** 资源中的 dev/之后指定存储桶名称。如图 3-27 所示，`mohit-1128-2099` 是存储桶名称，可将媒体类型更改为 **application/xml**。

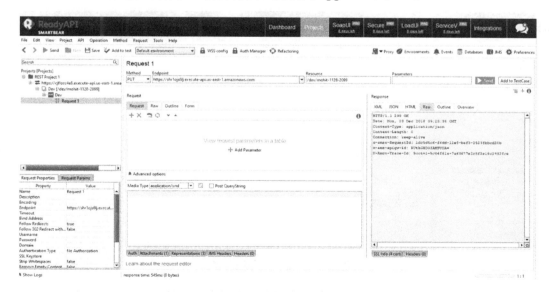

图 3-27　指定存储桶名称

在本练习中，我们在 us-east-1 区域中创建了 S3 存储桶。因此，我们将请求正文保留为空白。但是，如果要在其他某个区域（比如 us-west-1）创建存储桶，则必须在请求正文中设置以下文本再发送。我们可以获得 **HTTP 200** 响应状态，并且在 S3 中创建了存储桶。

```
<CreateBucketConfiguration>
<LocationConstraint>us-west-1</LocationConstraint>
</CreateBucketConfiguration>
```

转到 Amazon S3 服务，并检查存储桶。还可以执行 GET API 调用以检查存储桶及其内容是否存在的操作。

26. 现在，再次调用 API 来上传图像。更新 ReadyAPI 的 **Resource** 资源文本框中的路径，以包含要在 S3 存储桶中上传的文件名。需要附加文件，并将 media-type 设置为 **image/png**。转到请求底部的 **Attachments** 附件选项卡，然后附加一个 PNG 图片。在 **Cache request** 缓存请求对话框中单击 **No**，如图 3-28 所示。

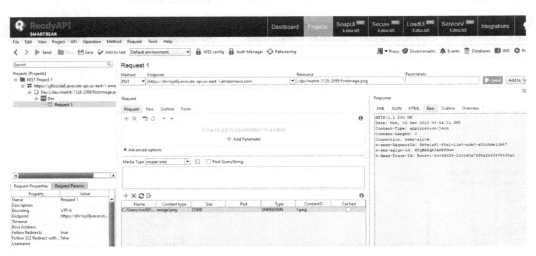

图 3-28　显示新创建的存储桶

27. 单击 **Send** 发送，应该能够获得 **200 OK** 响应。转到 Amazon S3 服务，应该可以看到存储桶及上传的图片。

到目前为止，我们已经创建了一个 API，并配置使用了 GET 和 PUT 方法，它接受来自用户的请求，并将图像上传到 S3。请注意，到目前为止，我们都没有创建任何服务器来构建整个服务。

3.3.3 练习 9：构建图像处理系统 ●●●●

在练习 8 中，你成功创建了 API，现在，你需要进一步创建每次上传图像时触发的后端 Lambda 函数来进行图像处理。

此功能将负责分析图像，并检测图像内的标签（例如对象）。它将调用 Amazon Rekognition API，并将图像作为输入，然后分析图像并返回数据。

处理后的数据将被推送到 Amazon SNS 中的主题。SNS 是 Amazon Simple Notification Service，使用发布/订阅（pub/sub）机制。然后，将电子邮件地址订阅到 SNS 主题，以确保发送到该主题的任何消息都会传送到我们的电子邮件地址。

该应用程序的最终效果是：当用户使用 API 将图像上传到 S3 存储桶时，我们的服务会对其进行分析，并通过电子邮件发送图像中的数据。接下来我们将构建此应用程序，其步骤如下所示。

1. 创建 IAM 角色。我们可以参照 API Gateway 创建角色时类似的步骤，但是需要在页面 **Choose the service that will use this role** 选择将使用此角色的服务上选择 Lambda，然后权限选择 `AWSLambdaFullAccess`、`AmazonRekognitionFullAccess` 和 `AmazonSNSFullAccess`，暂时不需要添加标签。新创建的角色摘要如图 3-29 所示。

2. 使用通过 API 创建的 S3 存储桶。在创建 Lambda 函数之前，你还需要创建一个 SNS 主题并订阅你的电子邮件。Lambda 将使用此 SNS 发布图像分析数据。发布后，SNS 会将该消息发送到订阅的电子邮件中。

3. 转到 SNS 控制台，并单击 **Create Topic** 创建主题以发布信息，如图 3-30 所示。

4. 单击 **Create topic** 创建主题，该主题详细信息如图 3-31 所示。

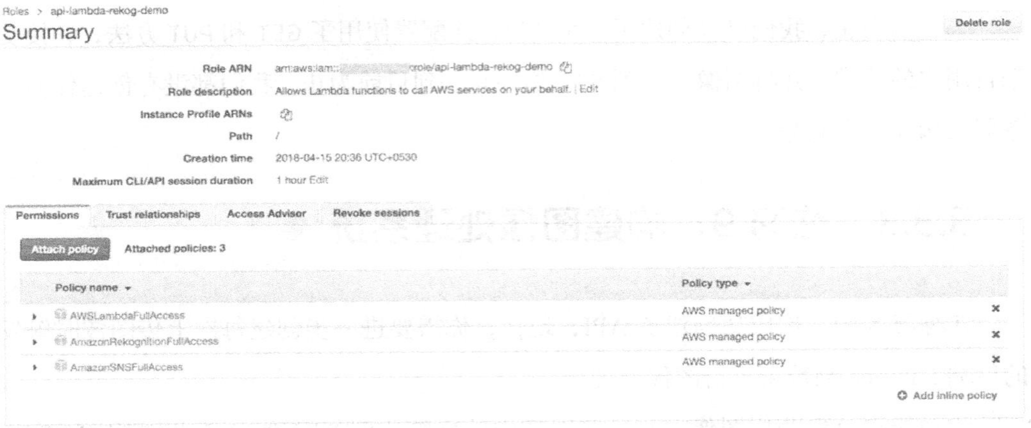

图 3-29　新创建的角色摘要

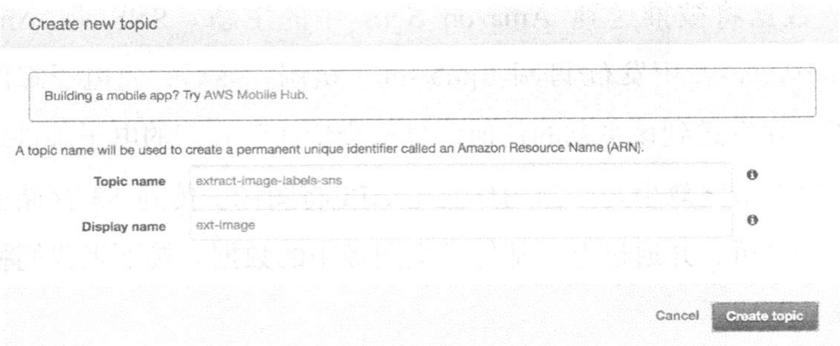

图 3-30　创建新主题

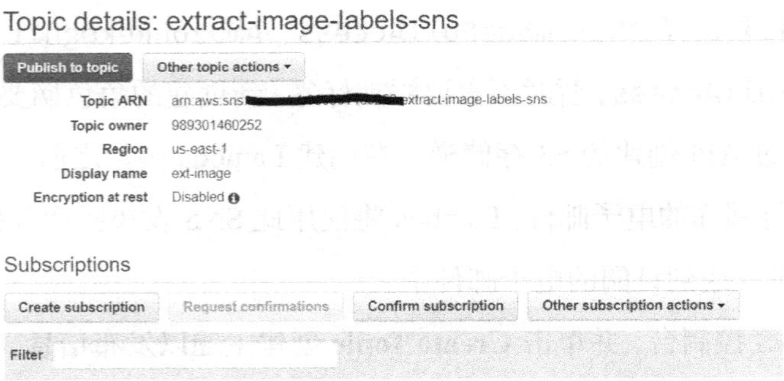

图 3-31　主题详细信息

构建和部署媒体应用程序

5. 为主题创建订阅。在 **Protocol** 协议下选择 **Email** 电子邮件，并在 **Endpoint** 端点下提供电子邮件地址。然后电子邮件账户会收到一封邮件，需要确认是否订阅，如图 3-32 所示。

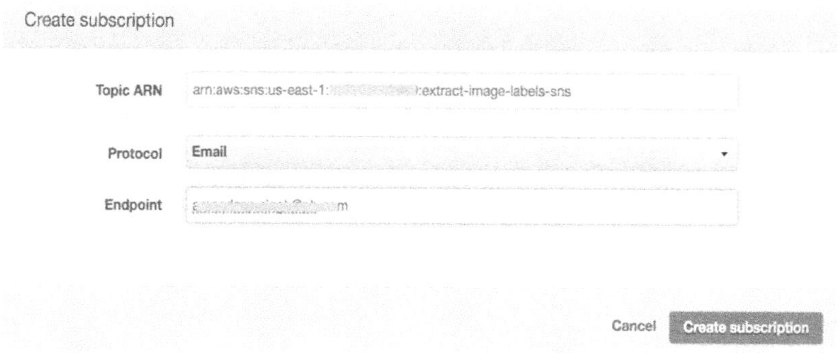

图 3-32 创建订阅

6. 记下主题 ARN 以供 Lambda 使用。我们已经创建好了 API、S3 存储桶、SNS 主题和电子邮件订阅。现在，我们创建一个 Lambda 函数。

7. 在 Lambda 控制台中，单击 **Create function** 创建函数。确保选择的区域与 S3 存储桶的区域相同，并选择 **Use a blueprint** 使用蓝图，然后搜索 **rekognition-python** 并确认，单击 **Configure** 配置①，如图 3-33 所示。

8. 在下一个向导中，填写 Lambda 的名称（如 image-analyzer-lambda）、选择现有角色（刚刚创建的角色），然后选择创建的 S3 存储桶名称。

9. 滚动页面底端，然后单击 **Create function** 创建函数。

10. 在 Lambda 的配置部分中，转到功能代码并将其替换为以下代码，并在左侧边栏将代码重命名为 **lambda_function.js**，然后运行语言选择 **Node.js 8.10** 或者 **Node.js 10.x**，并将 **Handler** 处理程序修改为 **lambda_function.handler**。请注意，你需要替换代码中 SNS 的主题 ARN②。

---

① 译者注：原书此处有误，这里根据实际情况进行了修改。
② 译者注：原书此处缺少操作说明并且示例代码需要调整，此处根据实际情况进行修改。

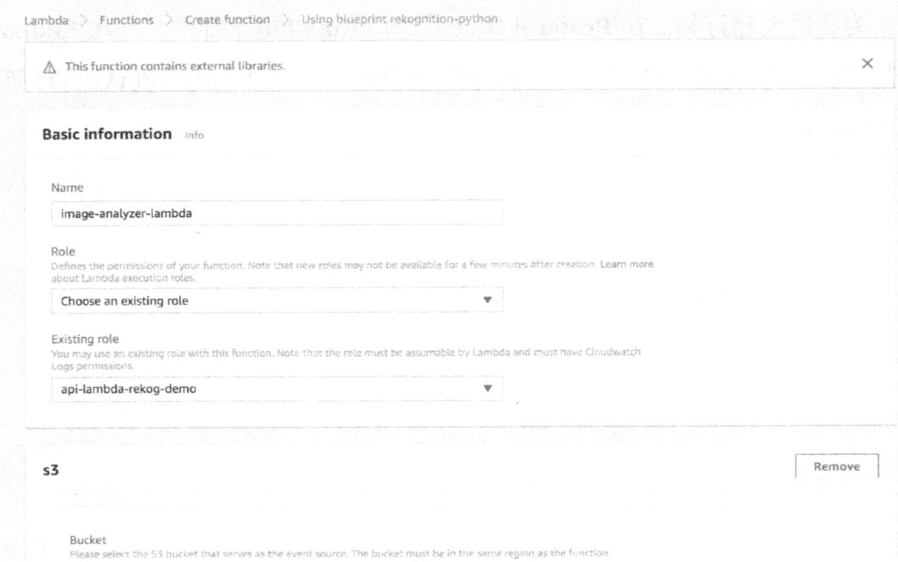

图 3-33 使用蓝图 rekognition-python 创建函数

在代码中，我们创建了 SDK 对象、Amazon Rekognition 客户端和 Amazon SNS 客户端，然后我们处理传入的 Lambda 请求。我们创建了存储桶和图像名称，调用 **detectLabels** 函数来使用 Amazon Rekognition 服务获取所有标签，创建要发布到 SNS 的消息。**detectLabels** 函数用于使用存储桶和图像名称调用 Amazon Rekognition 服务其代码如下。

```javascript
var A = require('aws-sdk');
var rek = new A.Rekognition();
var sns = new A.SNS();
A.config.update({ region: 'us-east-1' });

exports.handler = (event, context, callback) => {
  console.log('Hello, this is nodejs!');
  // Get the object from the event
  var bucket = event['Records'][0]['s3']['bucket']['name'];
  var imageName = event['Records'][0]['s3']['object']['key'];
```

```
    detectLabels(bucket, imageName)
      .then(function (response) {
        var params = {
          Message: JSON.stringify(response['Labels']), /* required */
          Subject: imageName,
          TopicArn: 'arn:aws:sns:us-east-1:xxxxxxxxxxxx:extract-image-labels-sns'
        };
        sns.publish(params, function (err, data) {
          if (err) console.log(err, err.stack); // an error occurred
          else     console.log(data);           // successful response
        });
      });
      callback(null, 'Hello from Lambda');
  };

  function detectLabels(bucket, key) {
    let params = {
      Image: {
        S3Object: {
          Bucket: bucket,
          Name: key
        }
      }
    };
    return rek.detectLabels(params).promise();
  }
```

11. 需要注意的是，在 **S3** 部分的 Lambda 配置中，请确保启用了触发器，如图 3-34 所示查看触发器配置。如果没有，请勾选以启用它，如图 3-35 所示。

注：确保 S3 存储桶与 Lambda 位于同一区域，否则将无法触发 Lambda。

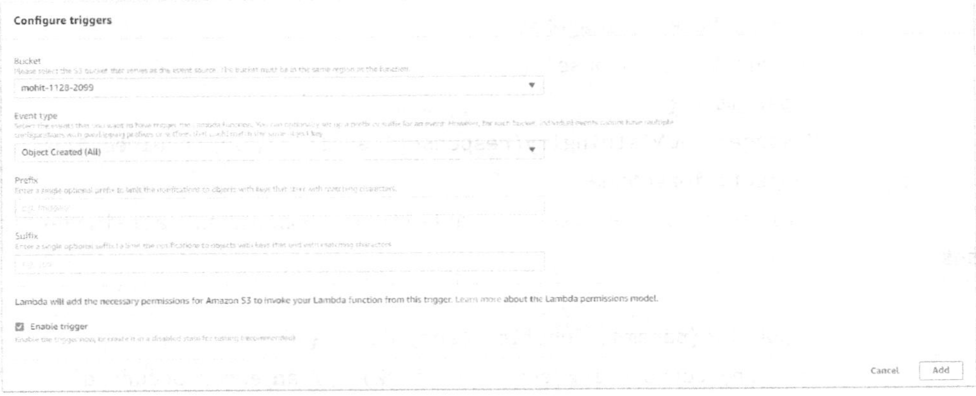

图 3-34　查看触发器配置

图 3-35　为 Lambda 函数启用 S3 触发器

这样就完成了所有基础设施的创建。

现在，当调用 API 上传任何图片时，会在收件箱中看到一封与图 3-36 内容类似的邮件。

图 3-36　上传图片后的邮件示例

3.4　无服务器架构中的部署选项

我们已经了解了如何使用 AWS 控制台创建无服务器应用程序，但这不是实现它

构建和部署媒体应用程序

的唯一方法。在云计算领域，基础设施自动化是任何部署的关键。云提供商围绕其服务构建了强大的框架，可用于编写整个基础设施的脚本。AWS 提供了 API、SDK 和 CLI，帮助客户通过各种方式自动配置基础设施。

通常，在不使用 AWS 控制台的情况下，我们有三种方法可以实现以前的功能。

- AWS CLI

AWS 提供了一个用于处理 AWS 服务的命令行界面。它建立在名为 boto 的 AWS Python SDK 之上。你只需要在 Mac、Windows 或 Linux 计算机上安装 Python，然后就可以安装 AWS CLI 使用。

安装后，可以在终端或命令行中运行以下命令以检查它是否已正确安装如下代码：

```
$ aws -version
aws-cli/1.11.96 Python/2.7.10 Darwin/16.7.0 botocore/1.8.2
```

- AWS SDK

AWS 提供了许多 SDK，我们可以直接在习惯的编程语言中使用，以更便捷地使用 AWS 服务。以下是目前 AWS 支持的编程语言[①]：

- .NET；
- Java；
- C++；
- JavaScript；
- Python；
- Ruby；
- Go；
- Node.js；
- PHP。

---

① 译者注：最新支持列表请参考 https://aws.amazon.com/developer/tools/。

- 无服务器框架[①]

这是一种逐渐流行的部署选项。它是一个命令行工具，可用于构建和部署无服务器的云服务。这种方式不仅可以用于 AWS，也可以用于许多其他主要的云提供商，例如 Azure、Google Cloud Platform（GCP）和 IBM Cloud。它采用 JavaScript 构建，因此你需要安装 Node.js v6.5.0 或更高版本。对于部署，需要提供基于 YAML 的文件 serverless.yml，它在内部将 YAML 的所有内容转换为 AWS CloudFormation 模板，并使用它来配置基础设施。

它正在成为使用无服务器 AWS 管理服务的强大工具。与 AWS CLI 一样，它也可以很好地集成到企业中的 CI/CD 流程中，以帮助企业实现自动化。

3.4.1　思考题 4：创建删除 S3 存储桶的 API

创建一个 API 以删除我们刚刚在练习 3 中创建的 S3 存储桶，此时需要暴露 API 以接受 S3 存储桶名称作为输入进行删除。

以下是完成思考题的步骤。

1. 转到 API Gateway 控制台，选择在本章中创建的 API，并创建一个 Delete API。

2. 在 **Method Request** 方法请求和 **Integration Request** 集成请求部分中正确配置传入标头和路径参数。

3. 将 Delete 方法的授权从 NONE 更改为 AWS_IAM。

4. 单击 **Deploy API** 部署 API。

5. 使用测试工具（如 Ready API）测试 Delete 方法。

应该会在 Amazon S3 控制台中看到存储桶被删除。

[①] 译者注：这里提到的框架指的是 https://serverless.com/ 提供的无服务器框架，针对 AWS，可以参考 AWS 开源的 AWS Serverless Application Model (AWS SAM)无服务器框架，更多内容请参考 https://docs.aws.amazon.com/zh_cn/serverless-application-model/latest/developerguide/what-is-sam.html。

构建和部署媒体应用程序

注：有关此思考题的解决方案，请参见附录。

3.5 小结

在本章中，我们了解了传统 Web 应用程序开发的挑战，以及无服务器开发如何解决这些问题。还学习了如何使用 API Gateway，并通过它创建管理 REST API。在练习中，我们将 Amazon S3 与 API Gateway 进行集成，并使用 PUT 和 GET API 创建和读取存储桶。

然后我们创建了 Lambda 函数，在事件驱动的架构中使用 Amazon Rekognition 可以在运行时分析图像并识别其中的数据。

在下一章中，我们将探讨 Amazon Athena 和 AWS Glue 的功能和特性，并学习如何填充 AWS Glue 数据目录。

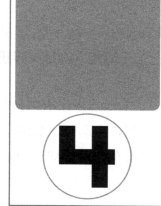

Amazon Athena 和 AWS Glue 无服务器数据分析与管理

> **学习目标**
>
> 在本章结束时,你将能够:
> - 理解无服务器服务 Amazon Athena 的功能特性及存储和查询概念;
> - 访问 Amazon Athena,并了解不同的用例;
> - 在 Amazon Athena 中创建数据库和表;
> - 理解 AWS Glue 及其优势;
> - 使用数据目录(Data Catalog),并填充 AWS Glue 数据目录。
>
> 本章将深入研究 Amazon Athena 的功能,以及它如何与 AWS Glue 一起使用,并了解如何填充 AWS Glue 数据目录。

4.1 概述

假设你即将下班离开办公室,这时候老板要求你基于一组新的复杂数据集出一份报告,并且要求下班之前完成这份报告。

过去，完成这样的报告需要花费数小时。我们必须首先分析数据、创建模型、转储数据，然后才能执行查询以创建所需的报告。

现在，通过 AWS Glue 和 Amazon Athena 服务，我们可以非常快速地完成此类报告（并准时下班）。

在上一章中，我们了解了无服务器应用程序开发如何应对传统应用程序开发的挑战。在本章中，我们将探讨 Amazon Athena 和 AWS Glue 的功能，并学习如何使用这些服务。

4.2　Amazon Athena

简单来说，Amazon Athena 是一个无服务器的交互式查询服务，它利用标准 SQL 来分析 Amazon S3 中的数据。它允许我们快速查询存储在 S3 中的结构化、非结构化和半结构化数据。使用 Athena，我们无须在本地加载任何数据集或编写任何复杂的 **ETL**（**提取、转换和加载**），因为它提供了直接从 S3 读取数据的能力。

> 注：ETL 是数据仓库领域的一个经典概念，分别使用三个独立的功能来准备数据以进行数据分析。术语提取（Extract）是指从源数据集中提取数据；转换（Transform）是指数据转换（如果需要的话）；加载（Load）是指加载最终表中用于数据分析的数据。

Amazon Athena 服务会使用 Presto，它是一个开源的分布式 SQL 查询引擎。Presto 提供了一种类似 SQL 的语言来查询数据，旨在为运行交互式分析查询提供良好的性能，可支持不同大小的数据源。你可以通过 AWS 管理控制台、Athena API、命令行工具或简单的 JDBC 连接访问 Amazon Athena。

Athena 是一种无服务器产品，这意味着无需配置或管理任何底层数据服务器。你需要做的是与 Amazon S3 数据建立连接，然后定义表架构（Schema）。完成后，就能够在 AWS 管理控制台中借助查询编辑器开始查询。我们可以在 Amazon Athena 中使

Amazon Athena和AWS Glue无服务器数据分析与管理

用 ANSI SQL 语言来查询 S3 中的数据，包括对连接和函数的支持。因此，任何具有 SQL 基本技能的人都可以轻松快速地分析大型数据集。

Amazon Athena 支持多种数据格式，如 CSV、JSON 和 Parquet 等[①]。使用 Athena，可以查询加密数据（无论是服务器端加密还是客户端加密）。Amazon Athena 还提供了通过与 **AWS KMS**（Key Management Service，密钥管理服务）集成来加密结果集的选项，如图 4-1 所示。

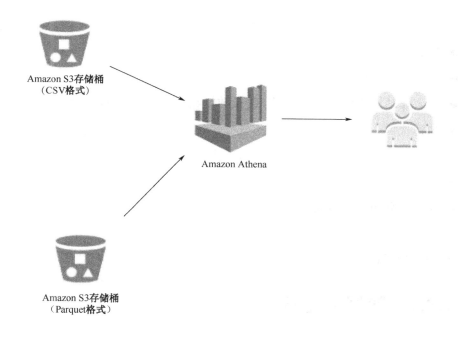

图 4-1　使用 Amazon Athena 进行交互式查询

注：Amazon Athena 根据每个查询定价，你需要按每次查询所扫描的数据量付费。你可能已经注意到，数据可以是 Amazon S3 中存储的不同格式。因此，你可以使用不同的格式，以压缩格式存储数据，从而减少查询扫描的数据量。你可以对数据进行分区，或

---

① 译者注：Amazon Athena 支持的数据格式请参考 https://docs.aws.amazon.com/zh_cn/athena/latest/ug/supported-format.html。

将数据转换为列式存储格式，以便只读取处理数据所需的列。Amazon Athena 的费用为每 TB 扫描数据 5 美元[①]。

AWS 提供了 Amazon Athena 与 AWS Glue 数据目录的内置集成。AWS Glue 数据目录提供了一个持久的元数据存储，帮助我们管理在 Amazon S3 中存储的数据。因此，我们可以在 Athena 中创建表和查询数据。我们将在本章后面章节更加详细地介绍这个概念，并进行练习。

以下是 Amazon Athena 的一些用例。
- 即席分析。
- 分析服务器日志。
- 了解非结构化数据——适用于复杂数据类型（如 array 或 map）。
- 快速报告。

以下是一些用于访问 Amazon Athena 的工具。
- AWS 管理控制台。
- JDBC 或 ODBC 连接。
- API。
- 命令行工具。

4.2.1 数据库和表

Amazon Athena 允许我们创建数据库和表，数据库通常是一组表。默认情况下，Athena 中有一个创建好的 `sampledb` 数据库，我们也可以创建一个新的数据库，并在下面创建表。此外，会在 `sampledb` 下看到一个名为 `elb_logs` 的表，如图 4-2 所示。

[①] 译者注：更多关于 Amazon Athena 的定价请参考 https://aws.amazon.com/cn/athena/pricing/。

Amazon Athena和AWS Glue无服务器数据分析与管理

图 4-2　Amazon Athena 数据库页面

4.2.2　练习 10：使用 Amazon Athena 创建数据库和表

让我们首先创建一个新的数据库和表，以便在这个快速演示中更详细地了解 Athena。Athena 能够处理存储在 S3 中的数据，因此在使用 Athena 之前，我们需要先创建一个 S3 存储桶并上传提供的样本数据集。本练习将使用本书提供的 `flavors_of_cacao.csv` 数据集[①]，上传过程这里不再赘述，可以参考第 2 章 "AWS 无服务器平台"中的介绍。

1. 转到 AWS 服务并搜索 Athena，应该能够看到如图 4-3 所示的窗口。

2. 单击 **Create table** 创建表，并选择 **from S3 bucket data** 选项。

注：我们将在本章的下一节中学习 from AWS Glue Crawler 这个自动选项。

---

3. 提供所需的详细信息，例如数据库名称、表名称和 S3 存储桶详细信息。

---

① 译者注：请参考 https://github.com/TrainingByPackt/Serverless-Architectures-with-AWS/blob/master/Lesson04/chocolate-bar-ratings/flavors_of_cacao.csv。

图 4-3　AWS 管理控制台

4. 单击 Next（下一步）按钮，也可以在默认（已选择）数据库下创建表，如图 4-4 所示。

图 4-4　添加数据表

注：表名必须是唯一的，因此请选择一个合适的表名。在创建表之前，数据集文件 flavors_of_cacao.csv 已经上传到 S3 存储桶，即 s3://aws-athena-demo-0606/。

Amazon Athena和AWS Glue无服务器数据分析与管理

我们可以在表创建后对数据集进行更改,只要不改变数据架构即可,后面我们会更详细地研究这一点。

5. 单击 **Next**(下一步),将看到 Amazon Athena 支持的不同数据格式。

6. 选择 **CSV**,并单击 **Next**,如图 4-5 所示。

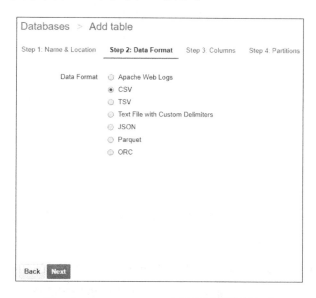

图 4-5　Amazon Athena 支持的不同数据格式

7. 下一步需要定义列及其数据类型。可以逐个定义列,也可以单击 **Bulk add columns** 批量添加列选项,将所有列的详细信息添加到一个位置。我们的数据集中共有 9 列,因此将添加以下信息及其数据类型:

```
Company string,Bean_Origin string,REF int,Review_Date int,Cocoa_Percent string,Company_Location string,Rating decimal,Bean_Type string,Broad_Bean_Origin string
```

请注意,表头已经从数据文件中移除[①],你可以从如图 4-6 所示页面中了解列的详

---

① 译者注:本书示例代码中的数据包含表头,在上传数据前,请先删除表头以更好地完成练习。

细信息。

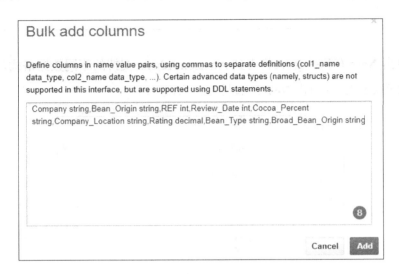

图 4-6　批量添加列

8. 单击 **Add** 按钮后，所有列及其数据类型都会显示出来。也可以根据需要在此处进行更改，如图 4-7 所示。

9. 单击 **Next** 下一步，在此页面上配置分区。分区允许我们创建逻辑信息组，这有利于更快地检索信息。我们通常建议对较大的数据集使用分区。由于数据集非常小，现在将跳过配置分区步骤，数据分区如图 4-8 所示。

10. 单击 **Create table** 按钮创建表，Athena 将运行 `create table` 语句，然后将创建表格。现在，应该可以看到如图 4-9 所示信息。

这里，我们注意到数据库 `athena_demo` 已经被创建出来，并且还创建了一个新表 `flavours_of_cocao`[①]，可以在屏幕右侧看到表定义。

---

① 译者注：原文此处为 flavours_of_cocoa，有误，这里根据实际情况修改为 flavors_of_cacao。

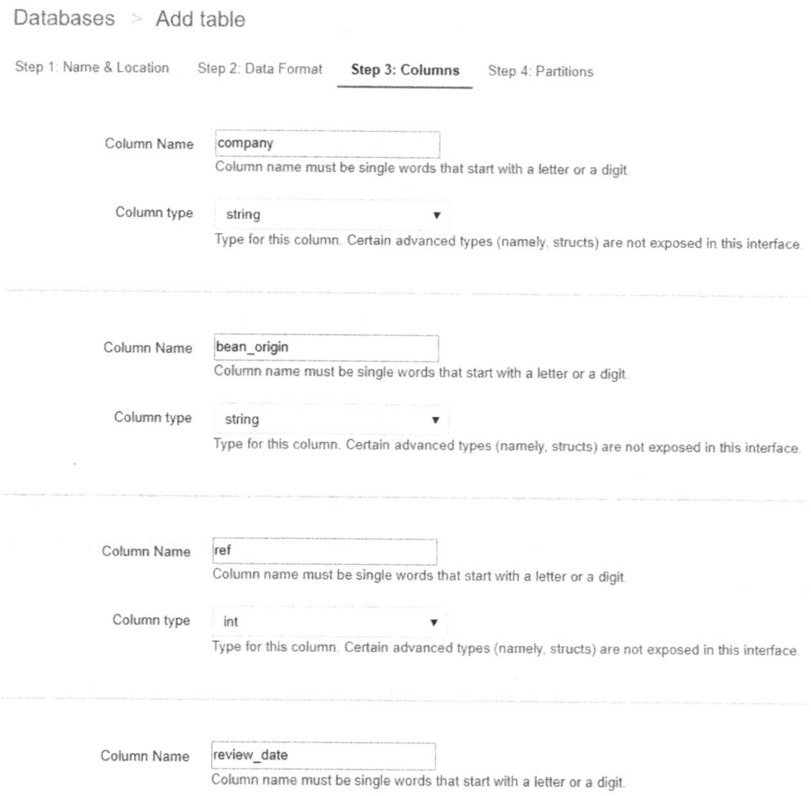

Amazon Athena和AWS Glue无服务器数据分析与管理

图 4-7 列信息

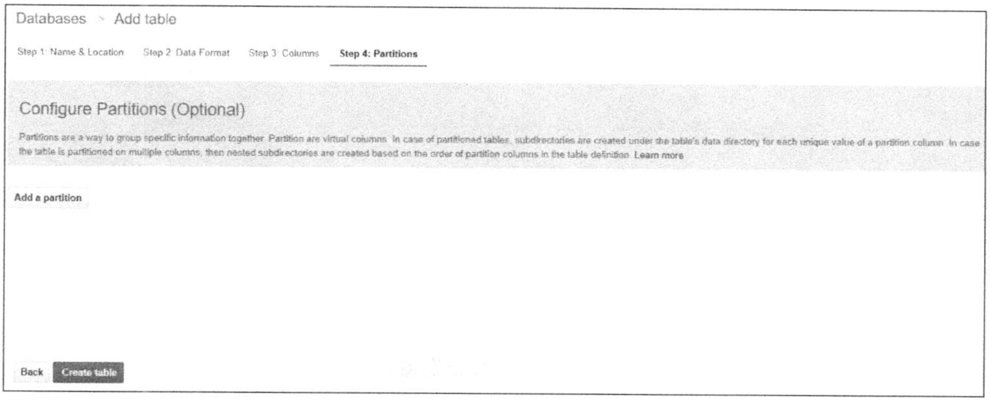

图 4-8 数据分区

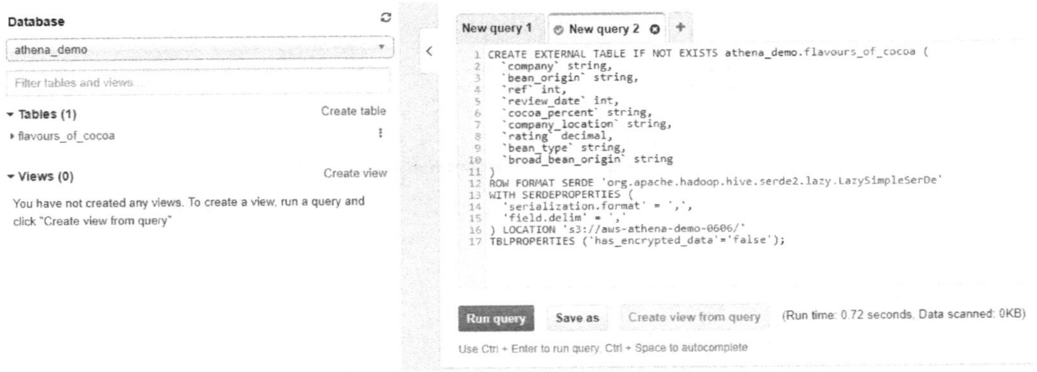

图 4-9 执行查询

> 注：如果你不想通过界面创建表，可以将表数据定义语言（DDL，Data Definition Language）直接写入查询窗口并创建。你还可以使用 **ALTER** 和 **DROP TABLE** 命令修改或删除现有表。

11. 单击 **Save as** 另存为按钮，并输入查询的名称，如图 4-10 所示。

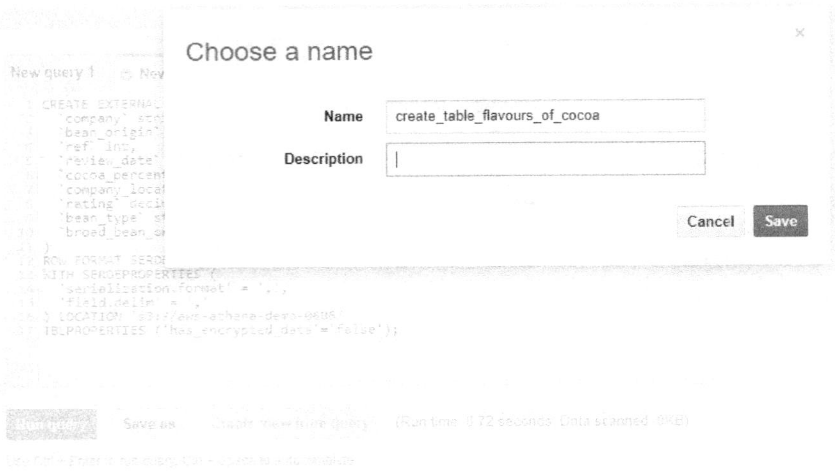

图 4-10 保存查询窗口

现在，表已经创建好，我们可以运行 SQL 语句来查看表数据。

Amazon Athena和AWS Glue无服务器数据分析与管理

12. 如图4-11所示页面中，将看到从表中选择的10行。

图4-11　测试事件执行详情页面

13. 编写SQL语句，从不同的角度分析数据。这里，我们将列出公司产品评级大于4的数量，并按降序进行排列，显示前10位。

```
select company, count(*) cnt from flavors_of_cacao
    where rating > 4
    group by company
    order by cnt desc
limit 10;
```

14. 执行查询。查询结果输出如图4-12所示。

由于Athena是基于Hive和Presto的，因此，你可以在Athena中使用许多函数。

注：有关支持的SQL查询、函数和运算符的完整文档，请访问https://docs.aws.amazon.com/zh_cn/athena/latest/ug/functions-operators-reference-section.html。

至此，我们已经完成了Amazon Athena的练习。正如我们在本章前面所述，Athena是一个出色的查询服务，可以简化从Amazon S3分析数据的过程。

图 4-12　查询输出窗口

请注意，我们需要为查询分析的数据付费。在上面的查询中，高亮显示的部分为查询扫描的数据量。如果选用不合适的过滤器，可能会扫描大量不必要的数据，最终会增加总体成本。

4.3　AWS Glue

　　AWS Glue 是一种无服务器、云优化，并且完全托管的 ETL（提取、转换和加载）服务，可为结构化和半结构化数据集提供自动架构推断。AWS Glue 可帮助我们了解数据，给出转换的建议，并生成 ETL 脚本，而无须进行任何 ETL 开发。

　　我们还可以设置 AWS Glue 运行 ETL 作业，服务会自动配置和扩展完成作业所需的资源。可以将 AWS Glue 指向存储在不同 AWS 服务（如 Amazon S3、Amazon RDS 和 Amazon Redshift）上的数据，它会识别数据，并将相关元数据（例如架构和表定义）存储在 AWS Glue 数据目录中。

Amazon Athena和AWS Glue无服务器数据分析与管理

一旦创建了数据目录，我们就可以开始使用它进行不同类型的数据分析。对于数据转换和数据加载，AWS Glue 可以生成对应的代码。

首先，让我们了解 AWS Glue 的主要组件[①]。

- AWS Glue 数据目录

数据目录用于组织数据。通常，AWS Glue 爬网程序（Crawler）会填充数据目录，但也可以使用 DDL 语句来填充。可以为多个数据源（如 Amazon S3、Amazon Redshift 或 Amazon RDS 实例）定义元数据信息，并为所有数据源创建数据目录。这样，所有的元数据都在同一个地方存储，并且是可搜索的。AWS Glue 数据目录基本上可以作为 Hive Metastore 的替代品。

> 注：数据目录主要包括与数据库对象相关的元数据信息（定义），例如表、视图、存储过程、索引和同义词等。目前市场上几乎所有数据库都以信息架构的形式填充数据目录。数据目录可帮助用户理解和使用数据进行数据分析，它是大数据世界中非常流行的概念。

- AWS Glue 爬网程序（Crawler）

爬网程序主要用于连接不同的数据源、发现数据架构及分区，并存储到数据目录中。爬网程序会检测架构变化和版本更新，并使数据目录保持同步。它们还会检测数据是否在表中进行了分区。

爬网程序有数据分类器，用于推断几种流行数据格式的架构，例如关系数据存储、JSON 和 Parquet 格式。还可以为 Glue 无法识别的自定义文件格式（使用 Grok 模式）编写自定义数据分类器，并将其与爬网程序关联。我们可以编写多个分类器，一旦数据被分类，Glue 将跳过后续的数据分类器。

我们可以临时或按特定计划运行 AWS Glue 爬网程序。此外，由于 Glue 爬网程序是无服务器架构的，只需要在使用时付费。

[①] 译者注：更多信息请参考 https://docs.aws.amazon.com/zh_cn/glue/latest/dg/components-overview.html。

图 4-13 描绘了 AWS Glue 的完整工作流程。

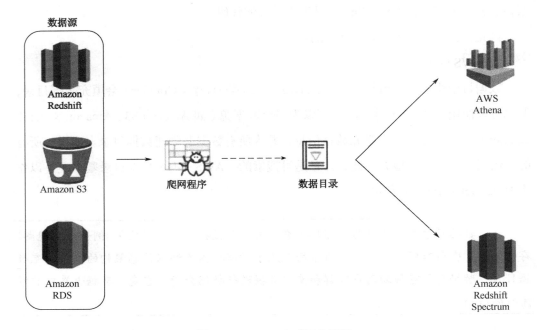

图 4-13 AWS Glue[①]工作流程

在图 4-13 中，我们有多个数据源，如 Amazon S3、Amazon Redshift 和 Amazon RDS 实例，它们通过 AWS Glue 爬网程序连接，以读取和填充 AWS Glue 数据目录。此外，也可以使用 Amazon Athena 或 Amazon Redshift Spectrum 访问 AWS Glue 数据目录以进行数据分析。

4.3.1 练习 11：使用 AWS Glue 构建元数据存储库

接下来，让我们通过示例看一下 AWS Glue 如何自动识别数据的格式和模式，然

[①] 译者注：AWS Glue 环境的架构图请参考 https://docs.aws.amazon.com/zh_cn/glue/latest/dg/components-key-concepts.html。

Amazon Athena和AWS Glue无服务器数据分析与管理

后构建元数据存储库，从而消除了手动定义和架构维护的需要。我们将使用之前用于 Athena 练习的相同数据集，即参考 chocolate-bar-ratings 文件夹中的 flavors_of_cacao.csv。

1. 登录 AWS 管理控制台，并转至 AWS Glue 服务。
2. 转到 **Crawlers** 爬网程序，并单击 **Add crawler**，打开添加爬网程序页面，如图 4-14 所示。将爬网程序命名为 `chocolate_ratings`。

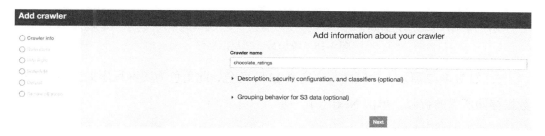

图 4-14　添加爬网程序信息

3. 单击 **Next**（下一步）。这样可以指定数据集所在的 Amazon S3 路径。我们可以使用 S3 选择器（以黄色高亮显示）或者手动粘贴 S3 路径，如图 4-15 所示。

图 4-15　添加数据存储

4. 单击 **Next**（下一步）。如果有多个 S3 存储桶或其他数据源（如 RDS 和 Redshift）的数据，则可以在此页面上添加它们。我们现在只使用单个 S3 源进行此演示，如

图 4-16 所示。

图 4-16　添加另一个数据存储

5. 如图 4-17 所示，为爬网程序定义 IAM 角色，此角色为爬网程序提供访问不同数据存储所需的权限。单击 **Next**（下一步）。

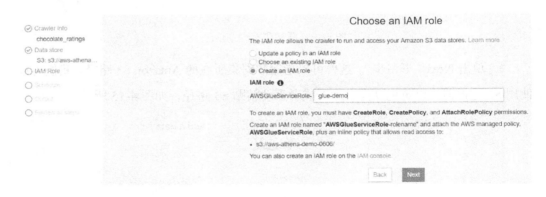

图 4-17　选择 IAM 角色

6. 设置爬网程序的计划。我们可以按需或按计划定期运行爬网程序。如果我们按计划定期运行爬网程序，它可以帮助识别数据的任何更改，并可以使数据目录保持最新，这种数据目录的自动更新对于频繁更改的数据集非常有用。我们现在将设置按需运行，如图 4-18 所示。

Amazon Athena和AWS Glue无服务器数据分析与管理

图 4-18　为爬网程序创建计划

7. 选择现有数据库来保留数据库或创建新的数据库。我们将为演示创建一个名为 **glue-demo** 的新数据库，如图 4-19 所示。此外，如果要为爬网程序创建的所有表添加前缀以便于识别，可以在此处添加前缀，我们将跳过本步骤。

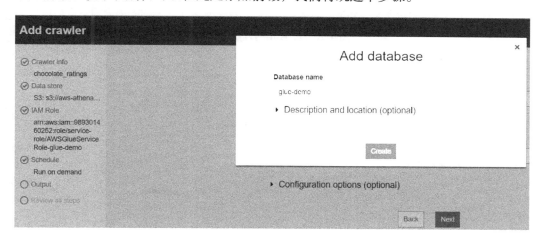

图 4-19　添加数据库

8. 正如在本章前面所讨论的，爬网程序可以处理对模式的更改，以确保表元数据始终与数据同步。正如在图 4-20 所示页面中所看到的，默认设置允许爬网程序在更新或删除数据时修改目录架构，我们也可以根据实际需求禁用它。

9. 单击 **Next**（下一步）以查看爬网程序设置，如图 4-21 所示，然后单击 **Finish** 完成创建爬网程序。

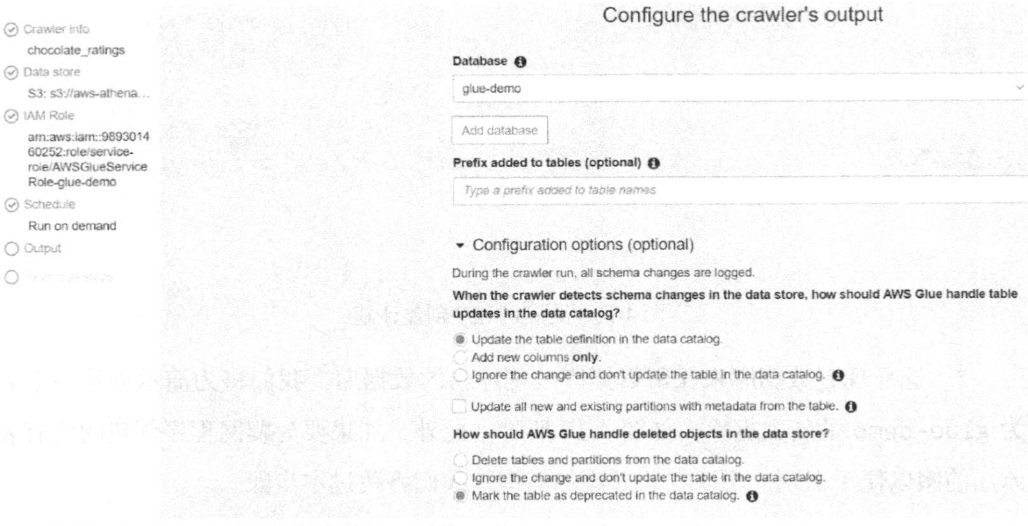

图 4-20 配置爬网程序的输出

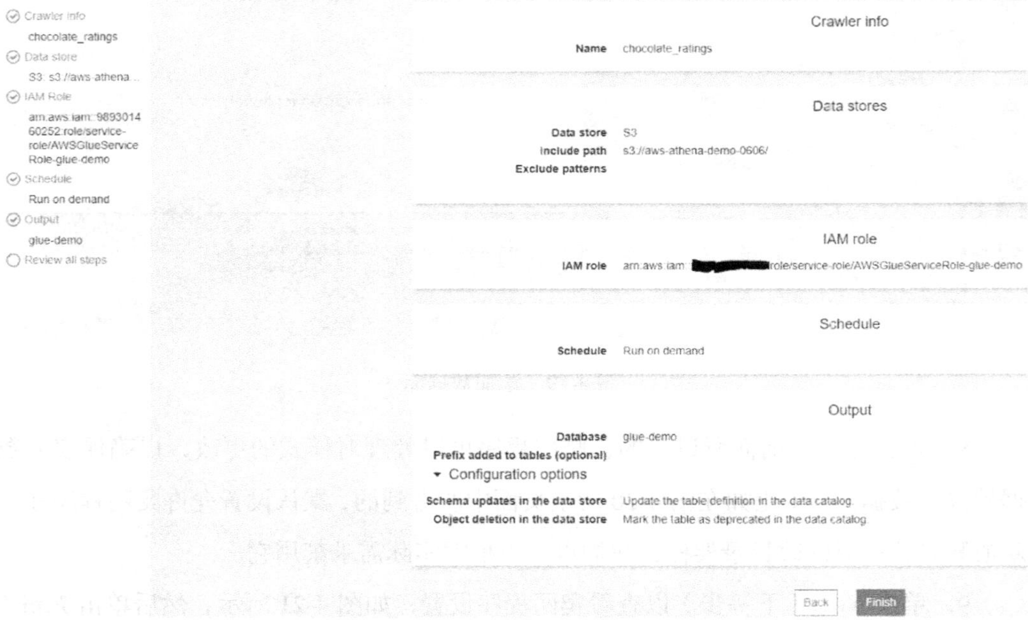

图 4-21 查看爬网程序设置

10. 现在爬网程序已经创建好,接着让我们运行它。爬网程序完成运行后,在

Amazon Athena和AWS Glue无服务器数据分析与管理

如图 4-22 所示的页面中可以看到数据目录中添加了一个新表。此表是数据的元数据表示，并指向数据的物理位置。

图 4-22 运行爬网程序

11. 转到 **Tables** 表，单击 `aws_athena_demo_0606` 表（根据创建的 S3 存储桶不同会有不同）以查看已由爬网程序填充的架构，如图 4-23 所示。

图 4-23 编辑表

我们还可以根据需要更改任何列的数据类型。此外，还可以查看与表关联的分区。

由于表在数据目录中定义，我们可以使用 Amazon Redshift Spectrum 或 Amazon Athena 进行查询，这两款产品都允许直接从 S3 查询数据。我们已经在本章前面讨论了如何使用 Amazon Athena 查询它，唯一的区别是数据库名称有所不同，可以自己动手再尝试一下。

现在，我们已经了解了 AWS Glue 如何在数据目录中轻松抓取数据，并维护元数据信息。虽然还有多种其他方法（例如手动定义表格、从外部 Hive Metastore 导入或运行 Hive DDL 来创建目录）可以来填充目录，但 AWS Glue 提供了一种易于使用的

/ 109 /

方法来创建和定期维护数据目录。

4.3.2 思考题 5：为 CSV 数据集构建 AWS Glue 数据目录，并使用 Amazon Athena 分析数据 ●●●

假设你是一名数据分析师，你已获得一个数据集，其中包含自 1992 年以来每个月的产品库存/销售比率。

这些比率可以通过以下公式更好地解释：

比率=月库存数/月销售数

根据公式可知，3.5 的比率意味着企业的库存将涵盖三个半月的销售额。此时你被要求快速检查这些数据，并准备一份报告，以统计过去 10 年库存与销售比率小于 **1.25** 的月数。例如，如果自 1992 年以来 1 月份（January）的比率小于 1.25 出现 4 次，那么 "January 4" 就应该是结果的一部分。

本书提供了一个 CSV 格式的数据集 total-business-inventories-to-sales-ratio.csv，此数据集源自 Kaggle 网站上提供的数据集（https://www.kaggle.com/census/total-business-inventories-and-sales-data）。该数据集共两列。

- Observed_Data：进行观察的日期。
- Observed_Value：库存与销售比率。

以下是解决以上问题的参考步骤。

1．创建 AWS Glue 爬网程序，并为此数据集构建数据目录。验证数据类型是否正确。

2．转到 Amazon Athena，并为数据创建新的架构和表。

3．在 Athena 中公开数据后，就可以开始构建报告了。

4．编写查询过滤数据，找到库存与销售比率 Observed_Value 小于 1.25 的数据，并按月对输出进行分组。最后准备好分享报告。

注：有关此思考题的解决方案，请参见附录。

Amazon Athena和AWS Glue无服务器数据分析与管理

4.4 小结

在本章中,我们学习了无服务器服务 Amazon Athena 的功能,以及其存储和查询的概念,还讨论了 Amazon Athena 的不同用例。接着,我们了解了 AWS Glue 及其优势,理解了什么是数据目录及其用途,还有如何填充 AWS Glue 数据目录。最后,我们利用 AWS Glue 创建的数据目录在 Amazon Athena 中查询数据,并对其进行分析。

在下一章中,我们将重点关注 Amazon Kinesis 服务。

Amazon Kinesis 实时数据洞察

学习目标

在本章结束时，你将能够：
- 理解实时数据流的概念；
- 使用 Amazon Kinesis Data Streams 创建数据流；
- 使用 Amazon Kinesis Data Firehose 创建传输流；
- 使用 Amazon Kinesis Data Analytics 创建数据分析应用程序，并处理数据。

本章介绍如何使用 Amazon Kinesis 释放实时数据洞察和分析的潜力，然后将 Amazon Kinesis 与 AWS Lambda 相结合，以创建轻量级的无服务器架构。

5.1 概述

我们生活在一个被数据包围的世界里。无论是使用手机应用程序、玩游戏、浏览社交网站，还是从在线商店购买自己喜爱的东西，企业都会设置不同的程序来收集、存储和分析这些海量数据，以便及时了解关于客户选择和行为的最新信息。通常，这些类型的设置需要复杂的基础架构和软件，这些基础架构和软件的配置和管理成本也都很高。

许多数据分析技术都致力于汇总不同来源的数据以完成报告，整个数据处理过程通常非常具有挑战性。然而，令人感到痛苦的是，当我们从这些数据挖掘出结果时，它们已经过时了。在过去十年中，技术发生了翻天覆地的变化，实时数据成为保持当今业务相关性的必要条件，这些实时数据可以帮助组织提高运营效率，促进指标提升。

我们还需要意识到数据价值的下降趋势。随着时间的推移，旧数据的价值不断降低，这使得最近最新的数据非常有价值，因此，对实时分析的需求进一步增加。在本章中，我们将介绍 Amazon Kinesis 如何通过提供诸如 Kinesis Video Streams、Kinesis Data Streams、Kinesis Data Firehose 和 Kinesis Data Analytics 等服务来释放实时数据洞察和分析的潜力。

5.2 Amazon Kinesis

Amazon Kinesis 是一个分布式数据流处理平台，用于收集和存储来自数十万个生产者的数据流。Amazon Kinesis 可以轻松设置高容量管道，用于实时收集和分析你的数据。你可以处理任意规模的流数据，并能够在不同的场景中做出快速响应，例如客户支出警报、单击流分析等。Amazon Kinesis 能够实时向客户提供及时的订阅源，而不是针对大型的、基于文本的日志文件执行批处理后再响应。我们可以将每个事件发送给 Kinesis，并立即进行分析以查找模式和异常，密切关注所有操作的细节，这会让人果断地采取行动。

5.2.1 Amazon Kinesis 优势

与其他 AWS 无服务器服务一样，Amazon Kinesis 也具有多项优势。大多数优势已经在其他服务介绍时进行了讨论，因此这里就不再展开细节。以下列出了使用 Amazon Kinesis 服务的好处：

Amazon Kinesis实时数据洞察

- 易于管理；
- 低成本；
- 安全性；
- 按需付费；
- 耐用性；
- 可扩展性；
- 灵活的框架选择；
- 可重放性；
- 持续处理；
- 高并发处理。

Amazon Kinesis 根据不同的用例和场景提供了几种不同的服务，我们现在将详细介绍三个主要，也是最重要的功能。

5.3 Amazon Kinesis Data Streams

Amazon Kinesis Data Streams 是一项托管服务，可以轻松地收集和处理实时流数据。Kinesis Data Streams 能够利用流数据为实时仪表板提供支持，以便可以查看有关业务的关键信息，并快速做出决策。Kinesis Data Streams 数据处理能力可以轻松地从每小时 MB 级扩展到 TB 级，从每秒数千条记录扩展到每秒数百万条记录。

你可以在一些典型场景中使用 Kinesis Data Streams，例如实时数据流分析、实时仪表板和日志分析等。你还可以使用 Kinesis Data Streams 将流数据作为输入提供给其他 AWS 服务，例如 S3、Amazon Redshift、EMR 和 AWS Lambda 等。

5.3.1　Amazon Kinesis Data Streams 工作机制

Kinesis Data Streams 由一个或多个分片（shard）组成。分片是数据流中唯一标识的数据记录序列，提供固定的容量单位。每个分片最高可以提供每秒 1MB 和每秒最多 1 000 条记录的数据写入，同时最大总数据读取速率为每秒 2MB。如果输入数据发生变化，我们可以简单地增加或减少分配给流的分片数。流的总容量是其分片容量的总和。

默认情况下，Kinesis Data Streams 最多可以将数据保存 24 小时，因此可以在该窗口期间重放数据（如果需要）。如果需要将数据保留更长时间，可以将此保留期延长到 7 天。对于扩展的数据保留窗口，需要支付额外费用。

Kinesis 中的**生产者**（producer）是将数据放入 Kinesis Data Streams 的任何应用程序，而**消费者**（consumer）从数据流中消费这些数据。

图 5-1 简单地说明了 Kinesis Data Streams 的功能。这里，我们从数据源捕获实时流事件，例如网站日志到 Amazon Kinesis Data Streams，然后将其作为输入提供给 AWS Lambda 服务进行处理。最后，我们将在 **PowerBI** 或其他可视化工具上展示结果。

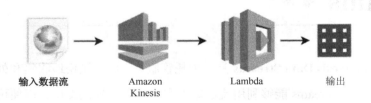

图 5-1　Kinesis Data Streams 功能说明

5.3.2　练习 12：创建样本 Kinesis 流

让我们转到 AWS 控制台，并创建一个示例 Kinesis 流，然后将其与 Lambda 集成以将实时数据传输到 DynamoDB 中。每当在 Kinesis 流中发布事件时，它将触发相关的 Lambda 函数，然后该函数将该事件传递给 DynamoDB 数据库。

Amazon Kinesis实时数据洞察

图 5-2 展示了练习中涉及的数据流,使用此架构可以实现许多实际应用场景。

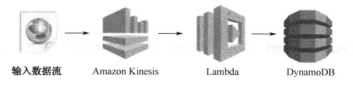

图 5-2　Kinesis Data Streams 数据流

假设你经营着一家电子商务公司,希望联系那些将物品放入购物车但没有购买的客户。你可以构建 Kinesis 流,并将应用程序重定向,将与失败订单相关的信息发送到该 Kinesis 流,然后可以使用 Lambda 处理该数据,并将其存储在 DynamoDB 数据库中。现在,客户服务团队可以查看数据以实时获取与失败订单相关的信息,然后联系客户。

以下是执行此练习的步骤。

1. 转到 AWS 服务,并搜索 **Kinesis**。选择服务后将被重定向到 Kinesis 界面,如图 5-3 所示。这可以查看 Amazon Kinesis 服务创建的所有资源。

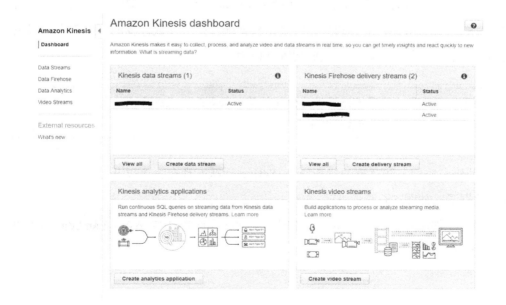

图 5-3　Amazon Kinesis 界面

注：此练习的重点是 Amazon Kinesis Data Streams，我们将在本章后面章节讨论其他几个 Kinesis 服务。

2. 转到 **Data Streams**，并单击 **Create Kinesis stream** 创建 Kinesis 流，如图 5-4 所示。

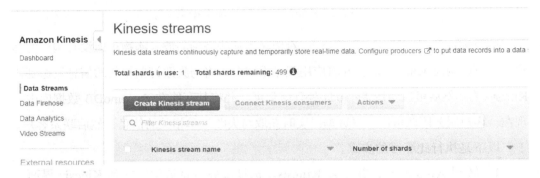

图 5-4　创建 Kinesis 流

3. 输入 Kinesis 流的名称 `kinesis-to-dynamodb`。然后，提供处理这些数据需要的分片数。如前所述，读取和写入容量是根据配置的分片数计算的。由于本练习主要是用于演示功能的，所以这里我们配置其值为 1。

注：写入和读取的值将根据提供的分片数量进行更改。完成后，单击 **Create Kinesis Stream** 创建 Kinesis 流，如图 5-5 所示。

4. 创建完成后，注意流的状态变为 **Active** 活跃。现在，可以开始向这个数据流中传入数据了，如图 5-6 所示。

我们已经创建好了一个 Kinesis 数据流，现在我们将其与 AWS Lambda 函数和 DynamoDB 集成。

Amazon Kinesis实时数据洞察 5

Create Kinesis stream

Kinesis stream name*: kinesis-to-dynamodb

Acceptable characters are uppercase and lowercase letters, numbers, underscores, hyphens, and periods.

Shards

A shard is a unit of throughput capacity. Each shard ingests up to 1MB/sec and 1000 records/sec, and emits up to 2MB/sec. To accommodate for higher or lower throughput, the number of shards can be modified after the Kinesis stream is created using the API. Learn more

▶ Estimate the number of shards you'll need

Number of shards*: 1

You can provision up to 499 more shards before hitting your account limit of 500. Learn more or request a shard limit increase for this account

Total stream capacity: Values are calculated based on the number of shards entered above.

Write: 1 MB per second
       1000 Records per second
Read: 2 MB per second

* Required   Cancel   **Create Kinesis stream**

图 5-5 Kinesis 流命名和配置分片

图 5-6 Kinesis 流创建后界面

5. 在 DynamoDB 中创建一个新表，该表将存储来自 Kinesis 数据流的数据。转到 AWS 服务，并搜索 DynamoDB。然后，单击 **Create table** 创建表，如图 5-7 所示。

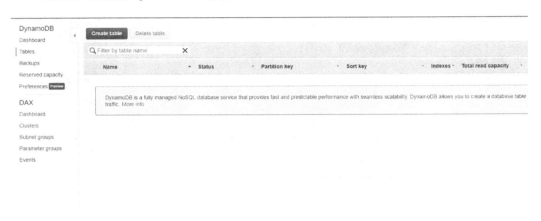

图 5-7　创建表

6. 将表命名为 `sample-table`，并指定 `createdate` 列为 **Partition key** 分区键，单击 **Create** 创建。这将创建所需的 DynamoDB 表，如图 5-8 所示。

图 5-8　创建 DynamoDB 表

7. 在 **AWS Lambda** 服务中，编写 Lambda 函数以从 Kinesis 数据流中获取记录，

Amazon Kinesis 实时数据洞察

并将其存储在 DynamoDB 中。

8. 单击 **Lambda** 服务下的 **Create function** 创建函数。单击 **Blueprints** 蓝图，并搜索选择 **kinesis-process-record** 模板，如图 5-9 所示。

图 5-9 通过蓝图创建 Lambda 函数

9. 为 Lambda 函数命名，如 **kinesis-lambda-dynamodb**，然后选择已有角色（需要提前额外创建[①]），允许 Lambda 读取 Kinesis 中的数据，并将记录插入 DynamoDB 数据库，如图 5-10 所示。

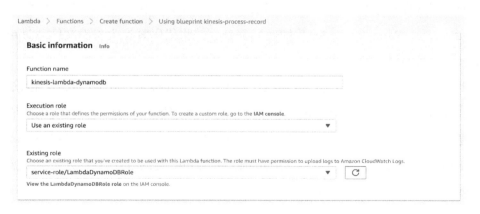

图 5-10 配置并创建新函数

[①] 译者注：原文此处有误，因在策略模版中没有适合练习的模版，需要在创建函数前先创建好具有权限的角色，然后再在这里进行选择，更多内容请参考 https://docs.aws.amazon.com/zh_cn/lambda/latest/ dg/lambda-intro-execution-role.html。

/ 121 /

10. 提供有关 **Kinesis** 流的详细信息。可以根据消息流设置适当的批处理大小。我们在本例中将保留默认值，并勾选上 **Enable trigger**。然后单击 **Create function** 创建函数，如图 5-11 所示。

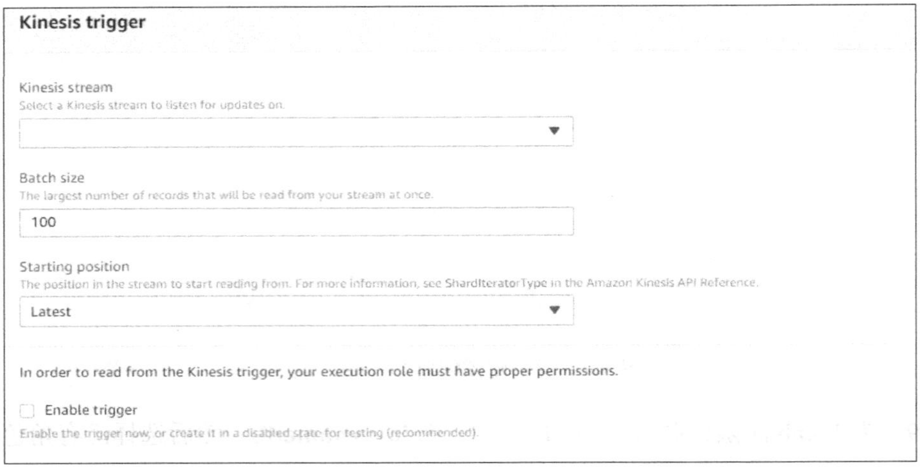

图 5-11　设置合适的批处理大小

11. 当选择从蓝图创建 Lambda 函数时，我们需要先创建函数，然后再更改代码。

12. 转到 **Function code** 功能代码部分，并将代码替换为参考文件 `kinesis-lambda-dynamodb-integration.js`[①]中提供的代码。

我们在此代码中填充了两列数据。第一个是 `createdate` 列，它在前面的 DynamoDB 表中被定义为 **Partition key** 分区键，我们使用当前时间作为此列的值。第二列是 base64 数据（Kinesis 数据流）的 ASCII 转换。我们将这两个值存储在 DynamoDB 表 `sample-table` 中，并使用 `AWS.DynamoDBclient` 类的 `putItem` 方法将数据存储在 DynamoDB 表中，如图 5-12 所示。

---

① 译者注：请参考 https://github.com/TrainingByPackt/Serverless-Architectures-with-AWS/blob/master/Lesson05/kinesis-lambda-dynamodb-integration.js。

Amazon Kinesis实时数据洞察 5

图 5-12　向 DynamoDB 写入数据

13. 单击 **Save** 保存代码。要执行函数，我们需要创建一个 Kinesis 测试事件，该事件将触发 Lambda 函数，并将事件数据存储在 DynamoDB 数据库中。单击 **Configure test event** 配置测试事件，输入名称，例如 `KinesisTestEvent`，然后单击 **Create** 创建。

14. 创建测试事件后，执行 Lambda 函数。你的 Lambda 函数应该可以成功执行，重复执行几次，可以在 DynamoDB 数据库中查看数据已经添加到表中，如图 5-13 所示。

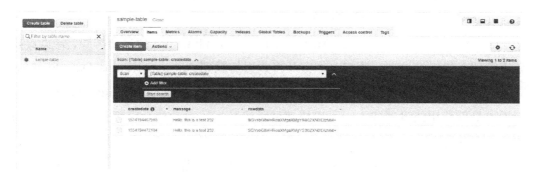

图 5-13　查看 DynamoDB 中的数据

以上是通过 AWS Lambda 服务将 Amazon Kinesis 数据事件与 DynamoDB 数据库集成的练习。

5.4 Amazon Kinesis Data Firehose ●●●●

假设你正在查看股票市场数据，并且希望对股票市场进行分钟级的分析（而不是等到当天股市收盘）。因此，你需要创建一个动态仪表板，查看表现最佳的股票，并在新数据到达后，立即更新你的投资模型。

利用传统的方式，你可以通过构建后端基础设施、设置数据集合，然后处理数据来实现此目的。但是，配置和管理服务器集群以缓冲和批量处理同时来自数千个来源的数据可能非常困难。想像一下，如果其中一台服务器出现故障或数据流出现问题，最终可能会丢失数据。

Amazon Kinesis Data Firehose 使我们可以轻松地将实时流数据可靠地捕获，并传送到 Amazon S3、Amazon Redshift 或 Amazon Elasticsearch Service 等[①]。使用 Kinesis Data Firehose 可以近实时地响应数据，使你能够提供强大的交互式体验和项目建议，并为关键应用程序进行实时警报管理。

随着流量和吞吐量的变化，Amazon Kinesis Data Firehose 会自动扩展，并负责数据流管理，包括批处理、压缩、加密及将数据加载到 Amazon Kinesis Data Firehose 支持的不同目标数据存储中。与其他 AWS 服务一样，Amazon Kinesis Data Firehose 不需要最低费用或设置成本，可以快速调整流数据、自动执行管理任务，并只需为发送的数据付费。

Amazon Kinesis Data Firehose 专注于应用程序，并提供出色的实时用户体验，而不是被困在后端的配置和管理中，其功能如图 5-14 所示。

[①] 译者注：Amazon Kinesis Data Firehose 还支持将记录发送到 Splunk，更多信息请参考 https://docs.aws.amazon.com/zh_cn/firehose/latest/dev/create-destination.html。

Amazon Kinesis实时数据洞察 | 5

图 5-14　Amazon Kinesis Data Firehose 功能说明

5.4.1　练习13：创建 Amazon Kinesis Data Firehose 传输流 ●●●○

在本练习中，我们将转到 AWS 控制台，并创建示例 Amazon Kinesis Data Firehose 传输流。作为本练习的一部分，我们将向 S3 存储桶传输数据。

1. 在 **Amazon Kinesis** 仪表板上，转到 **Data Firehose**，并单击 **Create delivery stream** 创建传输流，如图 5-15 所示。

图 5-15　创建传输流

2. 输入传输流的名称为 `kinesis-firehose_to_s3`。这里有两个选项来指定数据源，第一个是 **Direct PUT**，如果要直接从应用程序（如 AWS IoT、CloudWatch 日志或任何其他 AWS 应用程序）发送数据，则可以将其作为源。第二个是 **Kinesis Stream**，如果有通过 Kinesis 流的数据需要传输，则可以使用这个选项，如图 5-16 所示。让我们以 **Direct PUT** 作为本练习的来源，我们将在本章的后面部分讨论使用 Kinesis 流作为数据源。

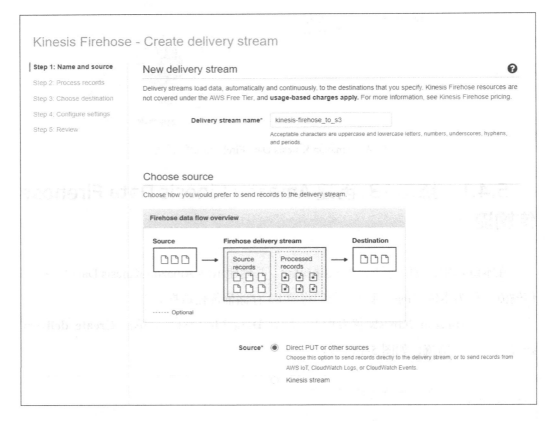

图 5-16　数据源选项

单击 **Next** 下一步转到"**Step 2: Process records**"处理记录。

3. 在此页面上，你可以根据需要转换记录，如图 5-17 所示。正如本章前面讨论的那样，Firehose 允许使用流数据进行 **ETL**。如果需要进行转换，可以编写 Lambda

Amazon Kinesis实时数据洞察

函数。这里，我们暂时跳过此选项。

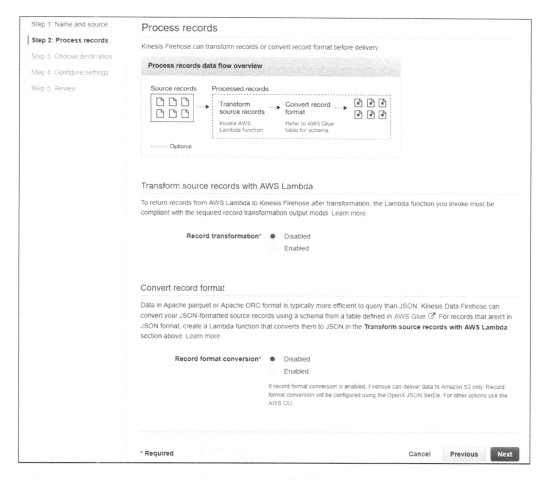

图 5-17 记录转换功能

4. Kinesis Firehose 还允许转换数据格式（例如 Parquet 到 JSON），我们可以编写 Lambda 函数来轻松实现此目的。我们暂时也跳过此选项，单击 **Next** 下一步转到 "**Step 3：Choose destination**" 选择目标。

5. 选择流数据的目标。如前所述，可以将数据发送到不同的目标，例如 Amazon S3、Amazon Redshift 或 Amazon Elasticsearch Service。对于此演示，我们将选择 **Amazon S3** 作为目标。

指定 S3 存储桶详细信息，例如要保存数据的位置。在这里可以指定现有存储桶或创建新存储桶，并将前缀留空，如图 5-18 所示。完成后，单击 **Next** 下一步转到 "**Step 4：Configure settings**" 配置设置。

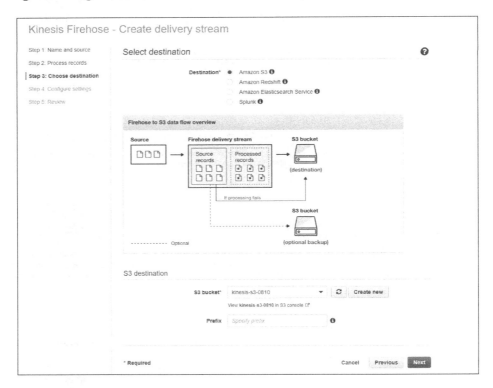

图 5-18　创建新的 S3 存储桶或者选择已有存储桶

6. 配置 **buffer conditions** 缓冲条件、**encryption** 加密和 **compression** 压缩设置。缓冲设置使 Firehose 能够在记录传送到 S3 之前缓冲记录，我们将缓冲区大小设置为 1 MB，缓冲时间间隔设置为 60 s。当满足这两个条件中的任何一个时，记录将被传输到目的地，如图 5-19 所示。

请注意，可以将缓冲时间间隔指定为介于 60～900 s 之间。

注：这里暂时禁用加密、压缩和错误日志记录。

Amazon Kinesis实时数据洞察 5

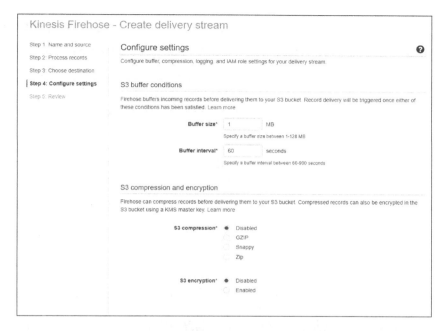

图 5-19 缓冲条件、加密和压缩设置

7. 此外，需要指定用于把数据传递到 S3 的角色，这里我们创建一个新的角色，如图 5-20 所示。

图 5-20 指定用户访问 S3 的角色

8. 打开一个单独的 AWS 窗口,并在 IAM 服务界面搜索 Roles 角色。单击 **Create role** 创建角色。创建角色后,返回步骤 7(或者步骤 12),如图 5-21 所示。

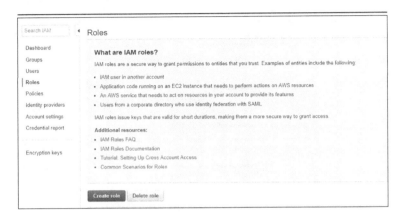

图 5-21 创建新角色

9. 在 **trusted entity** 受信任实体的类型下选择 **AWS service**,然后在使用此角色的服务列表中选择 **Kinesis**,如图 5-22 所示。选择后,**Kinesis Firehose** 将作为可能的使用案例出现在页面下面,单击 **Next: Permissions**(下一步授权)。

图 5-22 为角色选择受信任实体的类型和将使用此角色的服务

Amazon Kinesis实时数据洞察

10. 附加权限策略，搜索 **S3** 并使用该角色附加 **AmazonS3FullAccess** 策略，然后单击 **Tags** 下一步标签，如图 5-23 所示。这里，我们不对角色进行标签设置，单击 **Review** 下一步审核[①]。

图 5-23　附加权限策略

11. 输入角色的名称，如 **firehose_delivery_roles_0815**，然后单击 **Create role** 创建角色，如图 5-24 所示。

12. 现在，角色已经创建完成。在步骤 7 弹出的界面上选择刚刚创建的角色，然后单击 **Allow** 允许，如图 5-25 所示。

---

① 译者注：原书此处跳过一步，这里根据实际情况进行补充。

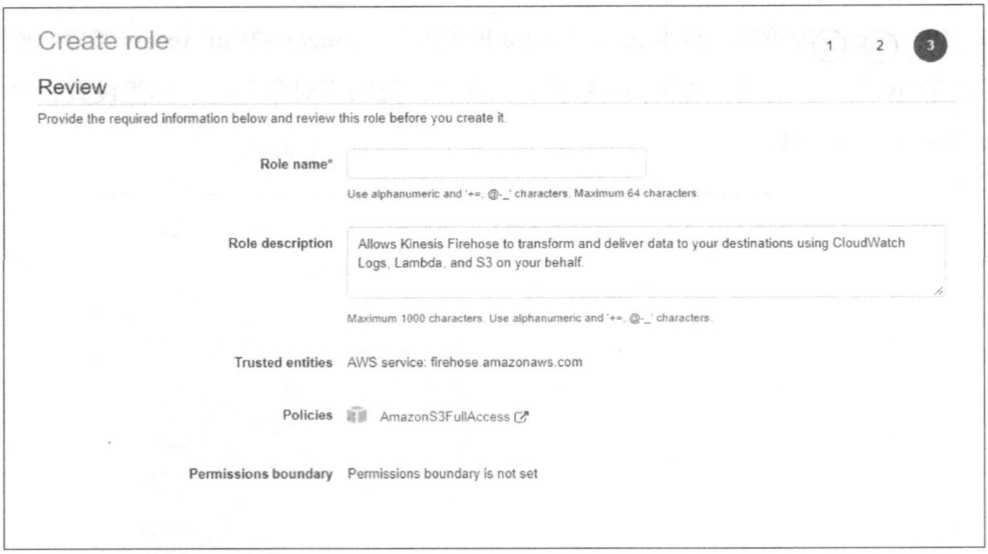

图 5-24 配置角色名称和描述

图 5-25 配置 IAM 角色

13. 单击 **Next** 下一步，查看 Kinesis Firehose 的设置，如图 5-26 所示。

Amazon Kinesis实时数据洞察

图 5-26　查看 Kinesis Firehose 设置

14. 单击 **Create delivery stream** 创建传输流,可以看到成功创建的 Firehose 传输流,如图 5-27 所示。

图 5-27　成功创建的 Firehose 传输流

15. 让我们尝试将一些样本数据发送到传输流中,并验证它是否送达数据到目的地。

单击 kinesis-firehose_to_s3 传输流以转到该流的详细信息页面。单击 Test with demo data 使用演示数据进行测试,单击 Start sending demo data 开始发送演示数据,这将开始将测试数据发送到 Firehose 传输流中,如图 5-28 所示。

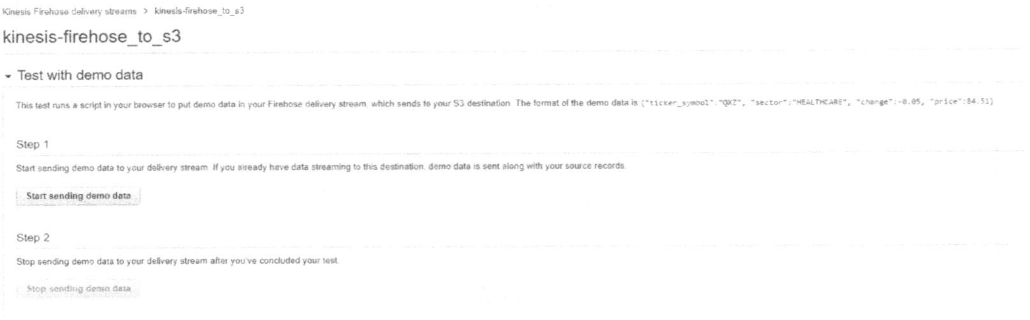

图 5-28　传输流详细信息

16. 一旦数据发送开始,可以看到以下消息,如图 5-29 所示。

图 5-29　使用演示数据测试

我们需要等待几秒钟(20s)才能获取数据。数据发送一段时间后,可以单击 Stop sending demo data 停止发送演示数据。

Amazon Kinesis实时数据洞察 5

17. 验证数据是否已成功传送到 S3。转到之前配置接收数据的 S3 存储桶，应该可以在这里看到数据，如图 5-30 所示。

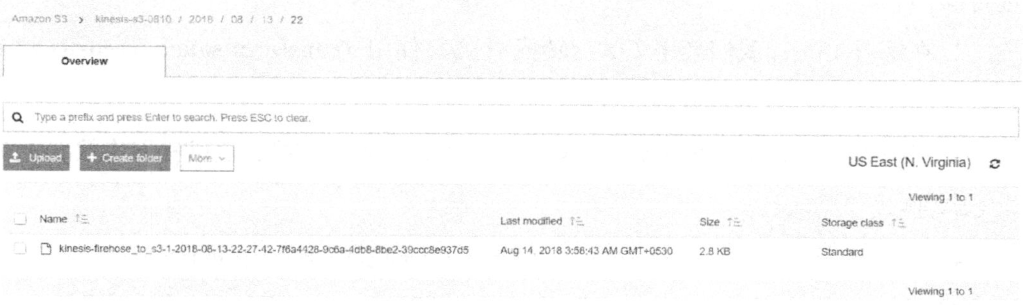

图 5-30　查看数据是否传输成功

请注意，根据缓冲区设置，数据可能会在 S3 中出现延迟。

以上是 Amazon Kinesis Data Firehose 传输流的基本演示。

5.4.2　思考题 6：对传入数据执行数据转换

在练习 13 中，我们研究如何通过 Amazon Kinesis Data Firehose 将实时数据传输到 S3 中。你可能已经注意到练习前的架构图中的 Lambda 函数，我们并没有在练习中使用它，这是因为我们禁用了练习中的数据转换部分（练习 13 步骤 3）。

现在，作为此思考题的一部分，我们将使用 Lambda 函数对 Firehose 数据执行数据转换，然后将转换后的数据存储在 S3 存储桶中。通过数据转换，我们可以解决许多实际的业务问题。我们将创建一个 Kinesis Firehose 传输流，使用 Lambda 函数转换数据，然后将其存储在 S3 中。以下是一些数据转换的参考示例：

- 数据格式转换，例如从 JSON 到 CSV，或者方向转换；
- 添加标识符；
- 数据管理和过滤；
- 数据增强，例如添加日期或时间。

以下是完成此思考题的步骤。

1. 首先，创建一个 Kinesis Firehose 传输流，按照我们在练习 13 中遵循的步骤进行操作。

2. 在练习 13 中，我们禁用了数据转换。这次，使用 **Transform source records with AWS Lambda** 选项启用转换源记录。

3. 启用后，创建 Lambda 函数以对传入数据执行数据转换，这里我们将数据转换为 CSV 格式[1]。

4. AWS 已经提供了一些示例函数。因此，为了简单起见，也可以选择其中一个，比如 **General Firehose Processing**。如果需要，可以在 AWS 网站上阅读更多信息[2]。

5. 创建 Lambda 函数后，请确保它具有所需的权限。

6. 其余设置保持不变。

7. 然后，将 Amazon S3 存储桶配置为 Firehose 目标，就像我们在练习 13 中所做的那样。

8. 在 **Test with demo data** 界面使用演示数据测试，单击 **Start sending demo data** 开始发送演示数据，如图 5-31 所示。

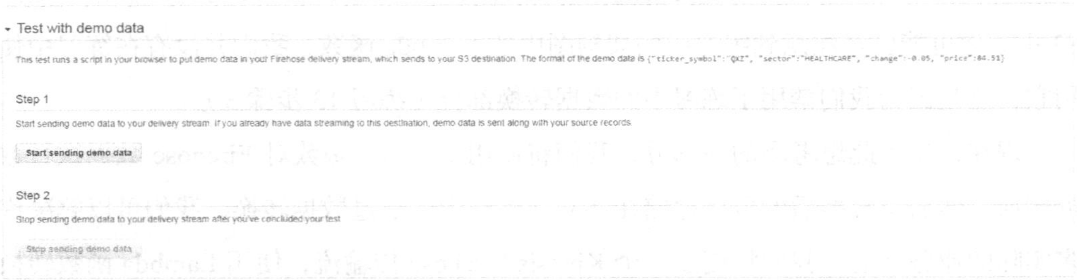

图 5-31　使用演示数据测试

9. 转到之前配置接收数据的 S3 存储桶，应该可以在这里看到数据。下载此数据

---

[1] 译者注：原书此处信息有缺失，这里根据实际情况进行补充。

[2] 译者注：请参考 https://docs.aws.amazon.com/zh_cn/firehose/latest/dev/data-transformation.html。

Amazon Kinesis实时数据洞察 5

文件，并使用记事本打开后，应该可以看到 CSV 格式的数据，如图 5-32 所示。

```
TBV,HEALTHCARE,-9.54,181.46
BFH,RETAIL,0.58,17.63
IOP,TECHNOLOGY,0.43,119.19
NFLX,TECHNOLOGY,-1.23,97.77
PPL,HEALTHCARE,-0.26,30.02
WFC,FINANCIAL,-0.19,46.6
SAC,ENERGY,3.4,58.97
CVB,TECHNOLOGY,-0.65,52.17
DFG,TECHNOLOGY,1.56,137.77
WSB,FINANCIAL,-3.14,107.39
ABC,RETAIL,-0.78,24
KIN,ENERGY,-0.01,5.04
WFC,FINANCIAL,-1.36,45.24
PPL,HEALTHCARE,-1.1,28.92
WMT,RETAIL,-1.16,69.35
XTC,HEALTHCARE,-0.55,112.49
SAC,ENERGY,-2.71,56.26
JYB,HEALTHCARE,-1.77,43.45
ABC,RETAIL,0.8,24.8
IOP,TECHNOLOGY,-1.1,118.09
DFG,TECHNOLOGY,-0.36,137.41
```

图 5-32　查看转换后的数据

注：有关此思考题的解决方案，请参见附录。

5.5　Amazon Kinesis Data Analytics ●●●

现在我们可以使用 Amazon Kinesis Data Streams 和 Amazon Kinesis Data Firehose 处理实时流数据，并将其传输到指定目的地。那如何提升这些传入的数据分析的价值呢？如何才可以实时分析数据，并执行可操作的见解呢？

Amazon Kinesis Data Analytics 是一项完全托管的服务，允许我们使用 SQL 与实时流数据进行交互[①]。这可以用于运行标准查询，以便分析数据，并将处理过的信息

---

① 译者注：目前 Amazon Kinesis Data Analytics 还提供基于 Apache Flink 开源库的 Java 应用程序模式，更多信息请参考 https://docs.aws.amazon.com/kinesisanalytics/latest/java/what-is.html。

发送到不同的商业智能工具，并将其可视化。

Kinesis Data Analytics 应用程序的一个常见用例是时间序列分析，它指的是使用时间作为关键因素从数据中提取有意义的信息。此类信息在许多情况下都很有用，例如，希望每分钟持续检查表现最佳的股票，并将该信息发送到你的数据仓库以提供实时消息中心，或者可以计算每十分钟访问网站的客户数量，并将该数据发送到S3。这里，时间窗口分别为 1 分钟和 10 分钟，随着新数据的到来不断向前移动，我们可以计算出新的结果。

根据不同的使用场景，可以使用不同类型的时间间隔。常见的时间间隔类型包括滑动（sliding）窗口和滚动（tumbling）窗口。共享不同的窗口间隔超出了本书讨论的范围，但这里鼓励人们在线查看更多信息。

图 5-33 说明了 Amazon Kinesis Data Analytics 的示例工作流程。

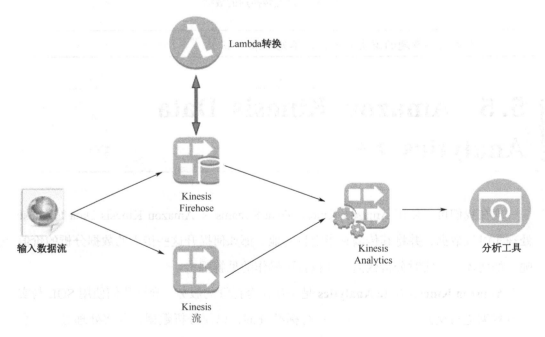

图 5-33　Amazon Kinesis Data Analytics 示例工作流程

可以配置 Amazon Kinesis Data Analytics 应用程序以持续运行查询。与其他无服务

Amazon Kinesis实时数据洞察 5

器 AWS 服务一样，我们只需要为 Amazon Kinesis Data Analytics 支付查询所消耗的资源，不需要前期投资或设置费用。

5.5.1 练习 14：设置 Amazon Kinesis Data Analytics 应用程序 ●●●●

在这个练习中，我们将设置一个 Amazon Kinesis Data Analytics 应用程序，并将介绍交互式 SQL 编辑器。它允许我们使用 SQL 轻松开发和测试实时流分析，Amazon Kinesis Data Analytics 还提供了 SQL 模板，可用于从模板添加 SQL 来轻松实现数据处理逻辑。

使用 Amazon Kinesis Data Analytics 附带的证券交易所演示数据，我们将计算每个股票代码的交易数量，并每隔几秒生成一次定期报告。注意，报告会随时间初步迭代，生成时间序列分析，每隔几秒钟就会发出最新结果，具体取决于此定期报告的所选时间窗口。此练习的操作步骤如下：

1. 转到 **Amazon Kinesis** 仪表板中的 **Data Analytics** 选项卡，然后单击 **Create application** 创建应用程序按钮。输入应用程序的名称 kinesis-data-analytics，然后单击 **Create application** 创建应用程序，此时可以将描述留空，如图 5-34 所示。

图 5-34 创建 Kinesis Analytics 应用程序

2. 成功创建数据分析应用程序后，在屏幕上可以看到以下消息，如图 5-35 所示。

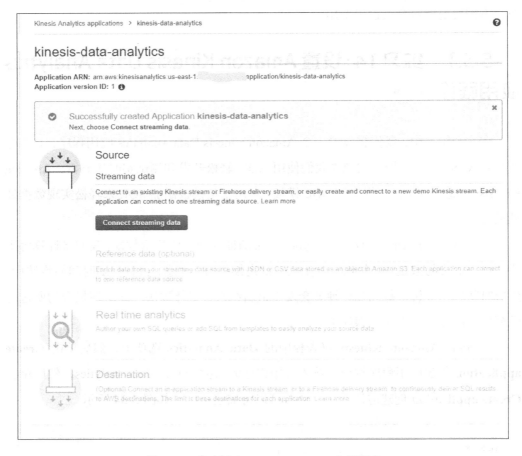

图 5-35　成功创建 Kinesis Analytics 应用程序

3. 将此应用程序与流数据源进行连接，以便我们的分析应用程序开始获取数据，单击 **Connect Streaming data** 连接流数据。

4. 选择现有的 **Kinesis stream** 或者 **Kinesis Firehose delivery stream**，也可以配置一个新的流数据源。我们将在这里配置一个新的流数据源，让我们选择 **Configure a new stream** 配置一个新的数据流，如图 5-36 所示。

Amazon Kinesis实时数据洞察

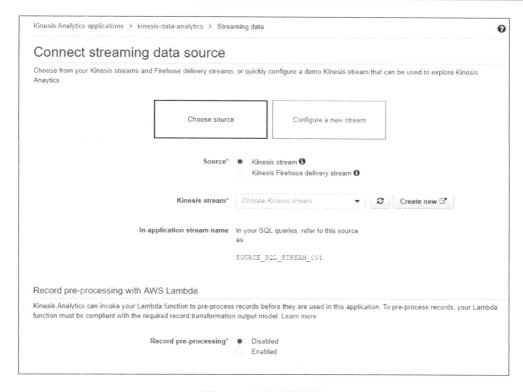

图 5-36 配置流数据源

5. 单击 **Create a demo stream** 创建演示流，如图 5-37 所示。这将创建一个新的数据流，并使用样本股票代码数据填充它。

6. 如图 5-38 所示，新的演示流创建步骤如下：

- 创建 IAM 角色；
- 创建和设置新的 Kinesis 流，使用数据填充，最后自动发现架构和日期格式。

7. 完成演示流的设置后，它将被设定为 Kinesis 数据流的源。接着，页面会跳回到配置流数据源，并且这个新创建的流已经被选择，如图 5-39 所示。示例中的流名称为 SOURCE_SQL_STREAM_001。

图 5-37 创建演示流

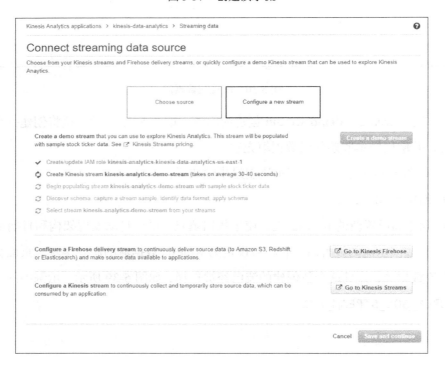

图 5-38 创建演示流的过程

Amazon Kinesis实时数据洞察 5

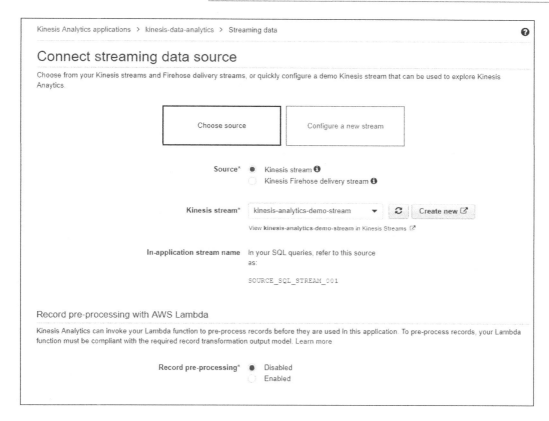

图 5-39 新创建的数据流的详细信息

8．注意，Kinesis 数据流生成的数据样本如图 5-40 所示。Amazon Kinesis Data Analytics 应用程序也已自动发现此架构（schema）。如果发现示例数据存在任何问题或想要修复它，我们可以进行编辑或重试一下。我们暂时禁用其他选项并继续。

9．单击 **Save and continue** 保存并继续，可被重定向到 Amazon Kinesis Data Analytics 应用程序页面。现在，Kinesis 数据流设置已经完成，如图 5-41 所示，我们可以开始数据分析应用程序其他选项的配置。

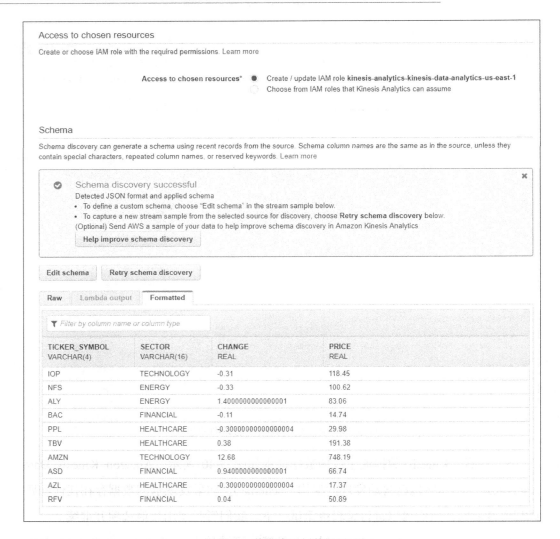

图 5-40 数据流示例数据展示

注：可以选择将参考数据与实时流数据连接。参考数据可以是任何静态数据或来自其他分析的输出结果，这可以帮助丰富数据分析。它可以是 JSON 或 CSV 数据格式，并且每个数据分析应用程序只能附加一个参考数据。这里，我们暂不附加任何参考数据。

Amazon Kinesis 实时数据洞察 5

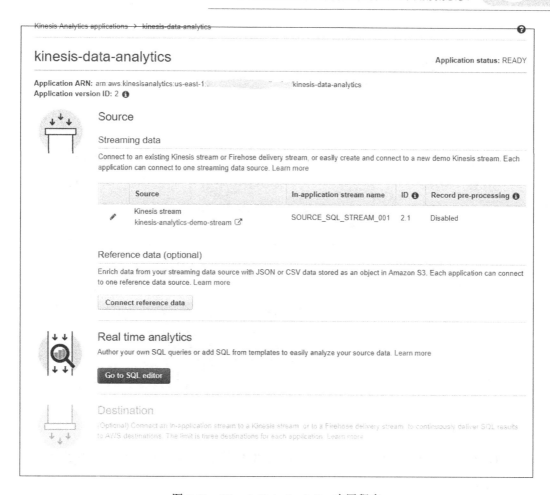

图 5-41　Kinesis Data Analytics 应用程序

10. 设置实时分析。我们可以编写 SQL 查询或使用模板中的 SQL。单击 **Real time analytics** 实时分析下的 **Go to SQL editor** 转到 SQL 编辑器。单击[**Yes, start application**]，在弹出窗口中启动应用程序，如图 5-42 所示。

现在，我们在 SQL 编辑器中可以看到之前在 Kinesis 数据流中配置的示例数据。我们还会注意到可以在 SQL 编辑器窗口编写 SQL 查询语句。

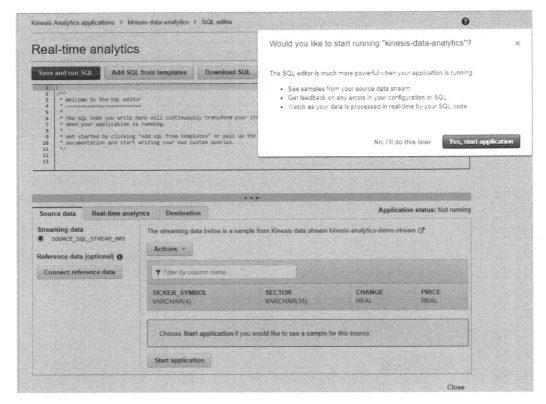

图 5-42 启动应用程序

11. 从模板添加 SQL 查询。对于演示，我们将从模板中选择 SQL，并获取实时结果，如图 5-43 所示。

12. 单击 **Add SQL from templates**。从模板添加 SQL，然后从左侧选择第二个查询[aggregates data in a tumbling time window]，该查询在滚动窗口中聚合数据。还可以在右侧查看 SQL 查询，单击[**Add this query to the editor**]，将此查询添加到编辑器，如图 5-44 所示。

13. 如果发现示例数据存在任何问题，可以单击 **Actions** 操作以执行相应的步骤，如图 5-45 所示。

14. 查询出现在 SQL 编辑器中后，单击[**Save and run SQL**]保存并执行 SQL，如图 5-46 所示。

Amazon Kinesis实时数据洞察

图 5-43 用户查询的 SQL 编辑器

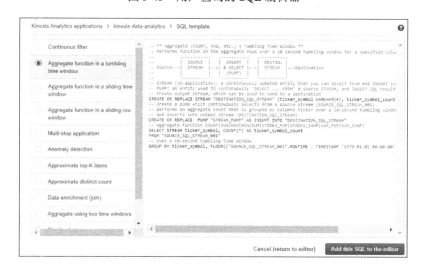

图 5-44 选择在滚动窗口中聚合数据的查询

AWS Serverless架构：
使用AWS从传统部署方式向Serverless架构迁移

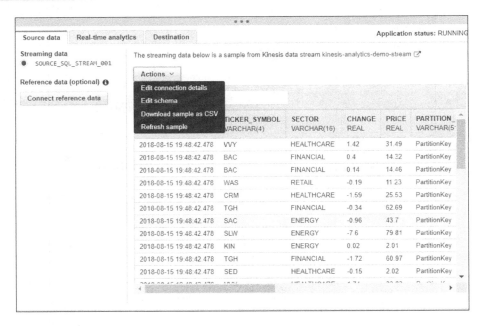

图 5-45　示例数据的操作

图 5-46　保存并执行 SQL

15. 对流数据执行 SQL 后，你将可以查看到如图 5-47 所示结果。

Amazon Kinesis实时数据洞察 5

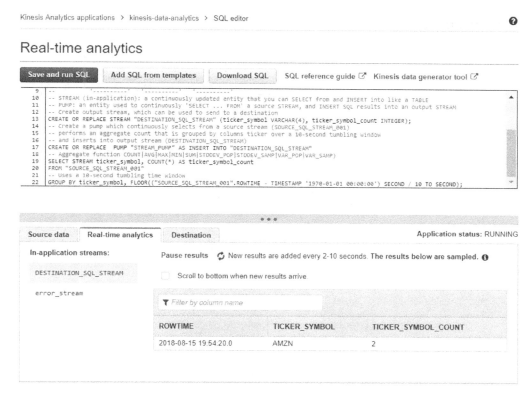

图 5-47 执行 SQL 后的实时数据分析

16. 现在，每 10 秒 Kinesis Data Analytics 应用程序针对实时流数据运行此 SQL，这是 SQL 查询中指定的窗口。与图 5-47 相比，可以注意到图 5-48 中的结果发生了变化，这是因为结果是实时刷新的。

此时已经完成了使用简单的标准 SQL 语句实时查询流数据的任务。

17. 配置实时分析的目的地。我们可以将分析结果发送到 Kinesis 流或 Kinesis Firehose 传输流中，并将其发布到 BI 仪表板上。或者，可以使用 Kinesis Firehose 传输流将它们存储在 Redshift 中[1]。转到 **Destination** 目标选项卡，然后单击[**Connect to a**

---

[1] 译者注：原书此处提到的 DynamoDB 数据库暂时不在 Amazon Kinesis Data Firehose 支持的传输目标列表中。

destination]连接到目标，如图 5-49 所示。

图 5-48　结果数据每 10 秒刷新一次

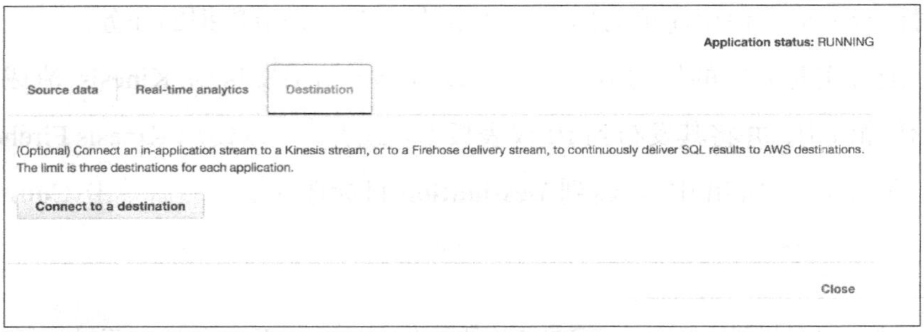

图 5-49　连接到目标

Amazon Kinesis实时数据洞察

单击 **Destination** 目标后，可以看到如图 5-50 所示内容。

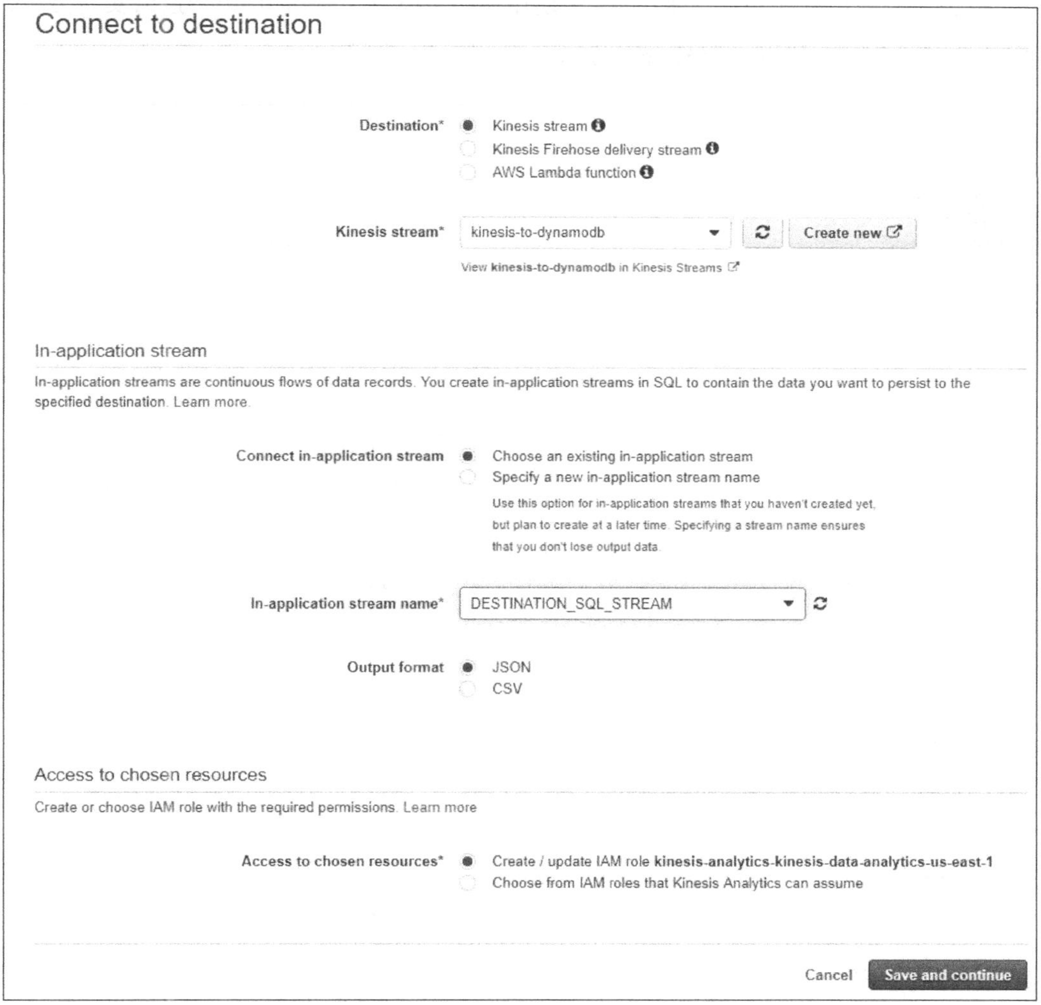

图 5-50　建议的目标选项

18. 选择一个现有的 Kinesis 流，在应用程序内部流中选 **DESTINATION_ SQL_ STREAM**，单击[**Save and continue**]保存并继续。

现在，我们已完成 Kinesis 数据分析应用程序的设置了。

19. 可以在应用程序仪表板上查看源、实时分析和目标设置，如图 5-51 所示。此时，数据分析应用程序正通过 Kinesis 流使用实时数据提取的 SQL 语句进行实时分析，并将查询结果发送到另一个 Kinesis 流中。

图 5-51　查看源、实时分析和目标设置

20. 单击 **Actions** 操作停止数据分析应用程序（以后可以根据需要再次启动），如图 5-52 所示。

Amazon Kinesis 实时数据洞察 5

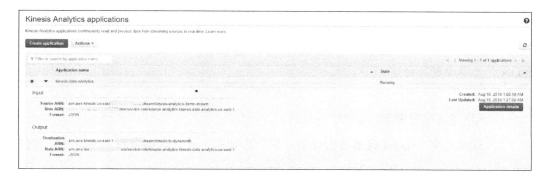

图 5-52　停止数据分析应用程序

以上是关于 Amazon Kinesis Data Analytics 应用程序的练习。在本练习中，我们创建了一个 Kinesis Data Analytics 流，可以实时分析数据。当我们想要实时了解某些数据更改的影响，并为进一步更改做出决策时，这非常有用。它还可以应用到很多场景中，例如电子商务网站的动态定价，我们可以根据产品需求实时调整定价。

有时，我们可能需要将此实时分析与一些参考数据相结合，以在数据中创建模式。或者，可能只想通过一些静态信息进一步增强实时数据，以便更好地了解数据，这都可以根据需求为数据分析应用程序添加参考数据。

5.5.2　思考题 7：添加参考数据，并与实时数据进行连接 ●●●●

在之前的章节中，我们看到 Amazon Kinesis Data Analytics 应用程序提供了将参考数据添加到现有实时数据中的功能。在这个思考题中，我们会将其与静态数据相结合来增强示例股票价格数据（由 Kinesis Data Streams 本地生成）。目前，我们的数据中仅包含公司名称的缩写，我们将其与静态数据集连接，以在查询输出中发布完整的公司名称。

注：我们可以在参考代码中找到一个名为 **ka-reference-data.json** 的参考数据文件[①]，这是一个 JSON 格式的示例文件。在 Amazon Kinesis Data Analytics 中，可以使用 CSV 或 JSON 作为参考数据的格式。

以下是完成此思考题的步骤。

1．首先确保 Kinesis 数据分析处于正常工作状态，并且能够进行实时分析，就像我们在上一个练习中完成的那样。

2．创建 S3 存储桶，并将 ka-reference-data.json 文件上传到存储桶中。

3．转到 Kinesis Data Analytics 应用程序，并添加参考数据。提供存储桶、S3 对象和表的详细信息，并使用架构发现。

4．确保正确地配置了 IAM 角色。

5．现在，你应该可以在 Kinesis Data Analytics 应用程序中获得实时流数据和参考数据。

6．转到 SQL 编辑器，并编写 SQL 语句，将参考数据加入实时流数据，并输出在参考文件中提供其名称的公司详细信息。

7．实时看到带有股票代码和公司名称的输出，并且应该每隔几分钟刷新一次。

注：有关此思考题的解决方案，请参见附录。

5.6 小结

在本章中，我们将重点放在了实时数据流的概念上。我们了解了 Amazon Kinesis Data Streams、Amazon Kinesis Data Firehose 和 Amazon Kinesis Data Analytics 的关键概

[①] 译者注：请参考 https://github.com/TrainingByPackt/Serverless-Architectures-with-AWS/blob/master/Lesson05/ka-reference-data.json。

Amazon Kinesis实时数据洞察   5

念和用例，还演示了这些实时数据流服务如何相互集成，并帮助我们构建实际用例。

在本章中，我们从在 AWS 上构建无服务器应用程序开始，进行了各种练习与思考，这些无服务器架构不需要开发人员配置、扩展或管理任何底层服务器，使开发人员可以投入更多的时间和精力关注产品/服务本身，而不用再过度担心管理后端运行的服务器。然后，本章概述了与之相关的传统应用程序部署及其带来的挑战，以及这些挑战如何推动无服务器应用程序的发展。随着无服务器的推出，我们研究了 AWS 云计算平台，并专注于 AWS Lambda 服务，它是 AWS 上无服务器模型的主要构建模块。

之后，我们进一步了解了 AWS 无服务器平台的其他功能，例如 S3 存储、API Gateway、SNS 通知、SQS 队列、AWS Glue、AWS Athena 和 Amazon Kinesis。通过事件驱动的方式，研究了无服务器架构的主要优势，以及如何利用它来构建企业级解决方案。希望你喜欢本章的内容，充分利用 AWS 提供的高可用性、安全性、高性能和可扩展性的无服务器架构，开始创建和运行你的无服务器应用程序。

附录

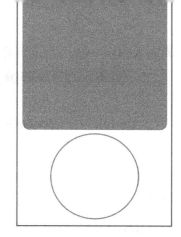

附录旨在帮助人们完成本书中的思考题，内容包括为实现思考题目标而要执行的详细操作步骤。

1 AWS、AWS Lambda 和无服务器应用程序

思考题 1：计算两个数字平均值的平方根

参考解决方案如下。

1. 单击[**Create a function**]，在 AWS Lambda 页面上创建第一个 Lambda 函数。
2. 在 **Create function** 页面上，选择[**Author from scratch**]从头开始创作。
3. 在[**Author from scratch**]窗口中，填写以下详细信息：

Name：函数名称，输入 `myFirstLambdaFunction`。

Runtime：选择 **Node.js 10.x** 或者 **Node.js 8.10** 运行语言①。运行时窗口下拉列表显示了 AWS Lambda 支持的语言列表，可以使用列出的选项编写 Lambda 函数代码。

Role：选择[**Create new role from one or more template(s)**]，从 AWS 策略模版创建新角色。

Role name：角色名称输入 **lambda_basic_execution**。

Policy templates：选择[**Simple Microservice permissions**]。

4．单击 **Create function** 创建函数。

5．转到 **Function code** 函数代码部分。

6．使用 **Edit code inline** 在线编辑选项，然后输入以下代码。

```
exports.handler = (event, context, callback) => {
    // TODO
    let first_num = 10;
    let second_num = 40;
    let avgNumber = (first_num+second_num)/2
    let sqrtNum = Math.sqrt(avgNumber)
    callback(null, sqrtNum);
};
```

7．单击屏幕右上角[**Select a test event**]，选择测试事件旁边的下拉列表，然后选择[**Configure test event**]，配置测试事件。

8．弹出窗口时，单击[**Create new test event**]，创建新测试事件，并为其命名，然后单击 **Create** 创建测试事件。

9．单击测试事件旁边的 **Test** 测试按钮，你应该在事件执行成功后看到如图附录-1 所示测试成功窗口。

---

① 译者注：AWS Lambda 运行时是围绕不断进行维护和安全更新的操作系统、编程语言和软件库的组合构建的，原书中 Node.js 6.10 运行时已经弃用，请参考 https://docs.aws.amazon.com/zh_cn/lambda/latest/dg/runtime-support-policy.html。

图附录-1 测试成功窗口

思考题 2：计算 Lambda 费用 ●●●

参考解决方案如下。

1. 注意免费套餐提供的每月计算价格和时间。

每月计算价格为 0.000 016 67 美元/GB，免费套餐包含每月 400 000 GB 的计算时间[①]。

2. 以秒为单位计算总执行时间。

总执行时间（s）=20M * (1s) =20 000 000 s

3. 以 GB-s 计算总计算。

总计算（GB-s）=20 000 000 * 512MB/1 024=10 000 000 GB-s

4. 以 GB-s 计算每月计费，参考公式如下：

月度计费计算（GB-s）=总计算-免费套餐计算

= 1 000 000 GB-s-400 000 GB-s=9 600 000 GB-s

5. 以美元计算每月计算费用，参考公式如下：

月度计算费用=月度计费计算（GB-s）× 月度计算价格

= 9 600 000 * 0.000 016 67 美元=160.03 美元

6. 计算每月可结算请求，参考公式如下：

月度计费请求=总请求数-免费套餐请求数

=20M-1M=19M

7. 计算每月的请求费用，参考公式如下：

---

① 译者注：以下所有计算均基于美国东部（弗吉尼亚北部）的价格，更多最新定价信息请参考 https://aws.amazon.com/cn/lambda/pricing/。

月度请求费用=月度计费请求*月度请求价格

=19M*0.2 美元/M=3.8 美元

8. 计算总成本，参考公式如下：

总成本=月度计算费用+月度请求费用

=160.03 美元+3.8 美元=163.83 美元

2 AWS 无服务器平台

思考题 3：将对象上传到 S3 存储桶，获取电子邮件通知

参考解决方案如下。

1. 转到 AWS S3 服务，然后单击 **Create bucket** 创建存储桶。

2. 提供名称和区域等详细信息。单击 **Next** 下一步。请注意，存储桶名称不能重复。

3. 如果要更改任何配置，可以在这里操作。单击 **Next** 下一步。

4. 更改与 S3 存储桶的安全性相关的设置。如果要允许 S3 存储桶公开访问，可以在此处取消勾选。单击 **Next** 下一步。

5. 检查所有配置。如果想更改任何配置，可以退回到前面的步骤。否则，单击 **Finish** 完成，即可成功创建存储桶。

6. 转到在之前练习中创建的 Lambda 函数，在 Lambda 配置部分添加 S3 作为触发器，如图附录-2 所示。

7. 添加与 S3 存储桶配置相关的所需详细信息，主要是存储桶名称，将其余设置保留为默认值，如图附录-3 所示。

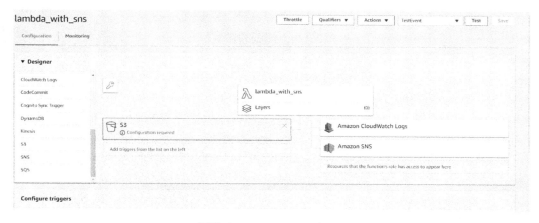

图附录-2　Lambda 配置页面

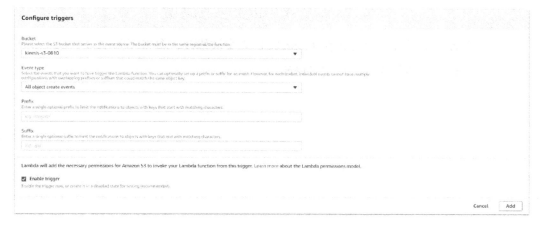

图附录-3　触发器配置页面

8. 单击 **Add** 添加，将该 S3 存储桶添加为执行 Lambda 函数的触发器，如图附录-4 所示。

图附录-4　查看 S3 存储桶作为触发器配置

9. 单击 **Save** 保存，将更改保存到 Lambda 函数，如图附录-5 所示。

图附录-5　保存 S3 存储桶作为触发器配置

10. 此外，电子邮件消息将在 Lambda 代码中被修改，参考图附录-6 代码的第 8 行。可以根据自己的需要进行自定义修改。

图附录-6　index.js 参考代码

11. 将新的示例文件上传到 S3 存储桶，可以在邮箱中收到电子邮件通知。

12. 返回 Amazon S3 服务，单击 S3 存储桶，然后单击 **Upload** 上传按钮。

13. 单击 **Add files** 添加文件，然后选择要上传到 S3 存储桶的文件。单击 **Next** 下一步。

14. 设置文件级别权限。单击 **Next** 下一步。

15. 选择存储类型，可以继续使用默认选项。单击 **Next** 下一步。

附录

16. 查看配置，并单击 **Upload** 上传。

17. 此时，文件应该被成功上传，如图附录-7 所示。

图附录-7　文件上传成功

18. 文件上传后，转到你的邮箱，会看到一封电子邮件提醒，如图附录-8 所示。

图附录-8　邮件提醒一个新对象上传到 S3 中

3　构建和部署媒体应用程序

思考题 4：创建删除 S3 存储桶的 API

参考解决方案如下。

1. 转到 AWS 控制台的 API Gateway 服务页面，选择在第 3 章中创建的 API，然后创建一个 **Delete** API。

2. 在 **Method Request** 方法请求和 **Integration Request** 集成请求部分正确配置传入标头和路径参数。API 配置应该如图附录-9 所示。

图附录-9　**Delete** 方法页面

3. 然后将 **Delete** 方法的授权从 NONE 更改为 AWS_IAM。

4. 单击 **Deploy API** 部署。

5. 使用测试工具（如 Ready API）测试 **Delete** 方法，将 Content-Type 设置为 application/xml[①]。

你应该会在如图附录-10 所示控制台看到 Amazon S3 中的指定存储桶被删除。

图附录-10　显示存储桶已经删除

---

① 译者注：因为 API Gateway 使用 IAM 授权方式，因此，在使用 API 测试工具时需要配置相应内容，原书此处并未被提及，更多信息请参考 https://docs.aws.amazon.com/zh_cn/apigateway/latest/developerguide/integrating-api-with-aws-services-s3.html#api-as-s3-proxy-test-using-postman。

4 Amazon Athena 和 AWS Glue 无服务器数据分析与管理

思考题 5：为 CSV 数据集构建 AWS Glue 数据目录，并使用 Amazon Athena 分析数据

参考解决方案如下。

1. 登录你的 AWS 账户。

2. 将示例数据文件 total-business-inventoryories-to-sales-ratio.csv[①] 上传到 S3 存储桶中，如图附录-11 所示，确保所需的权限到位。

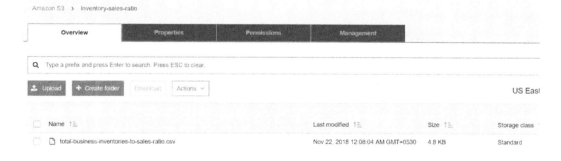

图附录-11　上传数据文件

3. 转到 AWS Glue 服务。

4. 选择 Crawlers 爬网程序，单击 Add Crawler，添加爬网程序。

5. 提供爬网程序名称，然后单击 Next 下一步。

[①] 译者注：请参考 https://github.com/TrainingByPackt/Serverless-Architectures-with-AWS/blob/master/Lesson04/total-business-inventories-to-sales-ratio.csv。

6. 提供 S3 存储桶的路径（在步骤 2 中上传文件的路径）。单击 **Next** 下一步。

7. 单击 **Next** 下一步，因为我们不需要添加其他数据存储。

8. 选择在练习 11：使用 AWS Glue 构建元数据存储库中创建的现有 IAM 角色。或者，可以重新创建一个新的角色。单击 **Next** 下一步。

9. 让它保持 Run on demand 按需运行，然后单击 **Next** 下一步。

10. 可以在此处创建新数据库，也可以单击下拉列表选择现有数据库。单击 **Next** 下一步。

11. 查看设置，然后单击 **Finish** 完成。已经成功创建了爬网程序。

12. 现在，让我们运行这个爬网程序。

13. 完成爬网程序的运行后，将看到在步骤 10 中选择的架构下创建的新表，如图附录-12 所示。

Name	inventory_sales_ratio
Description	
Database	sampledb
Classification	csv
Location	s3://inventory-sales-ratio/
Connection	
Deprecated	No
Last updated	Thu Nov 22 00:09:48 GMT+530 2018
Input format	org.apache.hadoop.mapred.TextInputFormat
Output format	org.apache.hadoop.hive.ql.io.HiveIgnoreKeyTextOutputFormat
Serde serialization lib	org.apache.hadoop.hive.serde2.lazy.LazySimpleSerDe
Serde parameters	field.delim ,

图附录-12 爬网程序运行后创建的新表

14. 转到表格页面，可以看到新创建的表 `inventory_sales_ratio`。请注意，表名是根据存储桶名称派生的。

15. 转到 Amazon Athena 服务，可以在步骤 10 中选择的数据库中看到一个新表名。

16. 单击 **New query** 创建新查询，并编写以下查询以获取预期输出。

```
select month(try(date_parse(observed_date, '%m/%d/%Y'))) a, count(*) from
inventory_sales_ratio
where observed_value < 1.25 group by month(try(date_parse(observed_date,
'%m/%d/%Y')))
order by a ;
```

17. 执行查询，可以看到预期的输出，如图附录-13 所示。

图附录-13　查询运行后的输出

18. 从输出结果上看，自 1992 年以来，总共有 8 个月的库存与销售比率小于 1.25，结果也显示了不同月份出现的次数。

5　Amazon Kinesis 实时数据洞察

思考题 6：对传入数据执行数据转换

参考解决方案如下。

1. 首先创建一个 Kinesis Firehose 传输流，然后按照在练习 13 中完成的步骤进行操作。

2. 在练习 13 中，我们禁用了 **Transform source records with AWS Lambda**（使用 AWS Lambda 转换源记录选项）。这里则启用这个选项。

3. 启用后，创建 Lambda 函数以对传入数据执行数据转换，如图附录-14 所示。

图附录-14　配置 AWS Lambda 转换源记录

4. AWS 提供了一些示例函数。单击 **Create New** 新建，它将打开 AWS 提供的转换函数列表，这里让我们选择 **General Firehose Processing**，如图附录-15 所示。

5. 打开 Lambda 函数窗口。这需要提供函数的名称，以及 IAM 角色信息，如图附录-16 所示。

附录

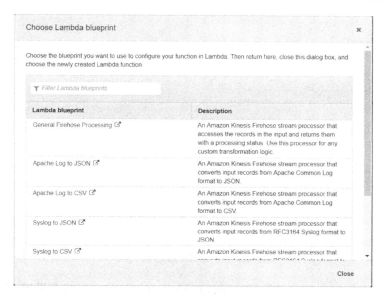

图附录-15　Lambda 蓝图选项

图附录-16　Lambda 基本配置

6. 编辑代码，并使用示例代码下的 `json2csv_transform.js`[①]文件中提供的代码替换已有代码，其余设置保留默认值，如图附录-17 所示。

---

① 译者注：请参考 https://github.com/TrainingByPackt/Serverless-Architectures-with-AWS/blob/master/Lesson05/ json2csv_transform.js。

图附录-17　index.js 示例代码

7. 创建 Lambda 函数后，返回 Kinesis Firehose 页面，并配置其余设置，例如 Amazon S3 存储桶，它将与在练习 13 中配置的 Kinesis Firehose 目标相同，如图附录-18 所示。

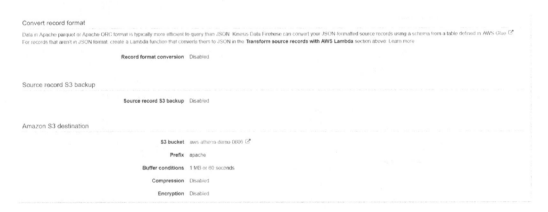

图附录-18　转换记录格式

8. 创建 Lambda 函数后，更新 Kinesis Firehose 配置中的 IAM 角色以反映 Lambda 函数所需的访问权限，如图附录-19 所示。

9. 其他内容与练习 13 中的相同。

10. 在 **Test with demo** 使用演示数据进行测试部分，单击 **Start sending demo data**

开始发送演示数据,如图附录-20 所示。

图附录-19 使用演示数据窗口进行测试

图附录-20 开始发送演示数据

11. 转到之前配置的 S3 存储桶查看接收数据,应该可以看到对应的数据文件,如图附录-21 所示。

图附录-21 成功接收数据文件

12. 下载此数据文件，并使用记事本打开后，你应该可以看到 CSV 格式的数据，如图附录-22 所示。

```
TBV,HEALTHCARE,-9.54,181.46
BFH,RETAIL,0.58,17.63
IOP,TECHNOLOGY,0.43,119.19
NFLX,TECHNOLOGY,-1.23,97.77
PPL,HEALTHCARE,-0.26,30.02
WFC,FINANCIAL,-0.19,46.6
SAC,ENERGY,3.4,58.97
CVB,TECHNOLOGY,-0.65,52.17
DFG,TECHNOLOGY,1.56,137.77
WSB,FINANCIAL,-3.14,107.39
ABC,RETAIL,-0.78,24
KIN,ENERGY,-0.01,5.04
WFC,FINANCIAL,-1.36,45.24
PPL,HEALTHCARE,-1.1,28.92
WMT,RETAIL,-1.16,69.35
XTC,HEALTHCARE,-0.55,112.49
SAC,ENERGY,-2.71,56.26
JYB,HEALTHCARE,-1.77,43.45
ABC,RETAIL,0.8,24.8
IOP,TECHNOLOGY,-1.1,118.09
DFG,TECHNOLOGY,-0.36,137.41
```

图附录-22　查看转换后的数据

思考题 7：添加参考数据，并与实时数据进行连接

参考解决方案如下。

1. 首先确保 Kinesis 数据分析处于正常工作状态，并且能够进行实时分析，就像在练习 14 中完成的那样，如图附录-23 所示。

2. 创建 S3 存储桶，并将 `ka-reference-data.json` 文件[1]上传到存储桶中，如图附录-24 所示。

3. 转到 Kinesis Data Analytics 应用程序，并添加参考数据。提供存储桶、S3 对象和表的详细信息，并使用模式发现填充模式，如图附录-25 所示。

---

[1] 译者注：请参考 https://github.com/TrainingByPackt/Serverless-Architectures-with-AWS/blob/master/Lesson05/ka-reference-data.json。

附录

图附录-23　Kinesis Data Analytics 应用程序 kinesis-data-analytics

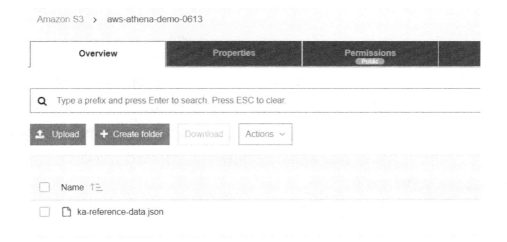

图附录-24　上传文件 ka-reference-data.json 到 S3 存储桶

AWS Serverless架构：
使用AWS从传统部署方式向Serverless架构迁移

图附录-25　连接参考数据源

注意，在图附录-25中，Kinesis Analytics应用程序将创建具有所需访问权限的IAM角色，架构发现将检测参考数据文件的架构并显示示例数据，如图附录-26所示。

4．单击**Save and close**保存并关闭，你将成功添加参考数据，如图附录-27所示。

现在，可以在Kinesis Data Analytics应用程序中获得实时流数据和参考数据。图附录-28显示了实时流数据。

图附录-29显示了添加的参考数据。

附录

图附录-26 架构发现

图附录-27 成功添加参考数据

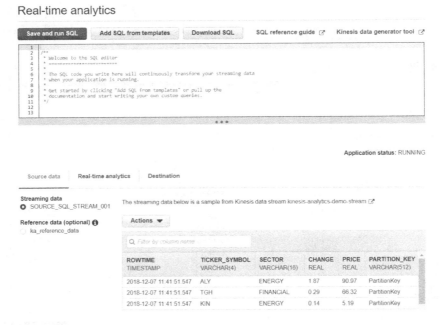

图附录-28 实时流数据

图附录-29 源数据

5. 转到 SQL 编辑器，并编写 SQL 语句，将参考数据加入实时流数据，并在参考文件中输出提供其名称的公司的详细信息。

6. 在 SQL 提示符下运行以下查询。

```
CREATE STREAM "KINESIS_SQL_STREAM" (ticker_symbol VARCHAR(14), "Company_Name" varchar(30), sector VARCHAR(22), change DOUBLE, price DOUBLE);
CREATE PUMP "STREAM_PUMP" AS INSERT INTO "KINESIS_SQL_STREAM"
SELECT STREAM ticker_symbol, "kar"."Company", sector, change, price
FROM "SOURCE_SQL_STREAM_001" LEFT JOIN "ka_reference_data" as "kar"
ON "SOURCE_SQL_STREAM_001".ticker_symbol = "kar"."Ticker"
where "kar"."Company" is not null ;
```

注：可以删除 where 子句，然后使用 inner join 以获得相同的结果。

在此查询中，使用 ka_reference_data 数据集加入（左连接）SOURCE_SQL_STREAM_001，并过滤公司名称不为空的位置，如图附录-30 所示。

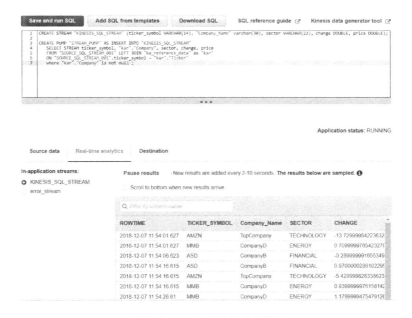

图附录-30　实时数据分析结果

7. 实时看到带有股票代码和公司名称的输出，如图附录-31 所示，并且每隔几分钟刷新一次。

图附录-31 带有股票代码和公司名称的输出

读者调查表

尊敬的读者：

　　自电子工业出版社工业技术分社开展读者调查活动以来，收到来自全国各地众多读者的积极反馈，他们除了褒奖我们所出版图书的优点外，也很客观地指出需要改进的地方。读者对我们工作的支持与关爱，将促进我们为您提供更优秀的图书。您可以填写下表寄给我们（北京市丰台区金家村288#华信大厦电子工业出版社工业技术分社　邮编：100036），也可以给我们电话，反馈您的建议。我们将从中评出热心读者若干名，赠送我们出版的图书。谢谢您对我们工作的支持！

姓名：_____　　性别：□男　□女　　年龄：_____　　职业：_____
电话（手机）：_____　　　　　E-mail：_____
传真：_____　　　　　　　　通信地址：_____
邮编：_____

1. 影响您购买同类图书因素（可多选）：
□封面封底　　□价格　　　□内容提要、前言和目录　　□书评广告　　□出版社名声
□作者名声　　□正文内容　□其他_____

2. 您对本图书的满意度：
从技术角度　　　　　　□很满意　　□比较满意　　□一般　　□较不满意　　□不满意
从文字角度　　　　　　□很满意　　□比较满意　　□一般　　□较不满意　　□不满意
从排版、封面设计角度　□很满意　　□比较满意　　□一般　　□较不满意　　□不满意

3. 您选购了我们哪些图书？主要用途？_____

4. 您最喜欢我们出版的哪本图书？请说明理由。_____

5. 目前教学您使用的是哪本教材？（请说明书名、作者、出版年、定价、出版社），有何优缺点？_____

6. 您的相关专业领域中所涉及的新专业、新技术包括：_____

7. 您感兴趣或希望增加的图书选题有：_____

8. 您所教课程主要参考书？请说明书名、作者、出版年、定价、出版社。_____

邮寄地址：北京市丰台区金家村288#华信大厦电子工业出版社工业技术分社　邮编：100036
电　　话：010-88254479　　E-mail：lzhmails@phei.com.cn　　微信ID：lzhairs
联　系　人：刘志红

电子工业出版社编著书籍推荐表

姓名		性别		出生年月		职称/职务	
单位							
专业				E-mail			
通信地址							
联系电话				研究方向及教学科目			

个人简历（毕业院校、专业、从事过的以及正在从事的项目、发表过的论文）

您近期的写作计划：

您推荐的国外原版图书：

您认为目前市场上最缺乏的图书及类型：

邮寄地址：北京市丰台区金家村288#华信大厦电子工业出版社工业技术分社　邮编：100036
电　　话：010-88254479　E-mail：lzhmails@phei.com.cn　　微信ID：lzhairs
联　系　人：刘志红

反侵权盗版声明

电子工业出版社依法对本作品享有专有出版权。任何未经权利人书面许可，复制、销售或通过信息网络传播本作品的行为；歪曲、篡改、剽窃本作品的行为，均违反《中华人民共和国著作权法》，其行为人应承担相应的民事责任和行政责任，构成犯罪的，将被依法追究刑事责任。

为了维护市场秩序，保护权利人的合法权益，我社将依法查处和打击侵权盗版的单位和个人。欢迎社会各界人士积极举报侵权盗版行为，本社将奖励举报有功人员，并保证举报人的信息不被泄露。

举报电话：（010）88254396；（010）88258888

传　　真：（010）88254397

E-mail： dbqq@phei.com.cn

通信地址：北京市万寿路173信箱

　　　　　电子工业出版社总编办公室

邮　　编：100036